Los riesgos de la nanotecnología

Marta Bermejo Bermejo
y Pedro A. Serena Domingo

CSIC

CATARATA

Catálogo general de publicaciones oficiales
http://publicacionesoficiales.boe.es

Gobierno de España
Ministerio de Economía, Industria y Competitividad
CSIC
Consejo Superior de Investigaciones Científicas
Catarata

Diseño gráfico de cubierta: Carlos Del Giudice
Fotografía de cubierta: © Thinkstock

Fuencarral, 70
28004 Madrid
Tel. 91 532 20 77
Fax. 91 532 43 34
www.catarata.org

isbn (csic): 978-84-00-10185-5
isbn electrónico (csic): 978-84-00-10186-2
isbn (catarata): 978-84-9097-305-9
isbn electrónico (catarata): 978-84-9097-306-6
nipo: 059-17-017-7
nipo electrónico: 059-17-018-2
depósito legal: M-9.977-2017
ibic: PDZ/TBN

Índice

Prólogo

En julio de 2016, en el suplemento dominical del diario canario *La Provincia* se publicó el artículo "Nueve palabras clave para el futuro" en el que se describían algunas de las tecnologías que van a condicionar nuestra vida durante este siglo XXI. Una de ellas es la nanotecnología, descrita en el artículo como una especie de "albañilería a escala atómica" (nunca dejan de sorprendernos las descripciones de temas científicos que encontramos en prensa). Esta "albañilería" será capaz de resolver muchos de los problemas que ahora tenemos planteados relacionados con la energía, el medioambiente o la salud. Esta visión ultrapositiva de la nanotecnología aparece frecuentemente, dando una perspectiva halagüeña sobre cómo usar estos conocimientos en aras del progreso de la humanidad. Sin embargo, unos meses antes, en la versión digital del diario *El País* apareció un artículo titulado "Los cinco jinetes del apocalipsis" en el que se enumeraban las cinco mayores amenazas que pueden llevar a la destrucción total de la humanidad. Entre ellas se encuentra la nanotecnología. El mismo diario publicaba el 9 de mayo de 2016 una entrevista a responsables del Instituto para el Futuro de la Humanidad (FHI en inglés), ubicado en Oxford (Reino

Unido), y otra vez la nanotecnología se mencionaba en la lista de las 12 causas que podrían conducir al exterminio de los seres humanos.

La reflexión que se nos viene a la cabeza es inmediata: ¿qué opinará sobre esta dicotomía un lector o una lectora de estas noticias? ¿La nanotecnología es parte de la solución de nuestros problemas o es uno de ellos (y al parecer bastante peligroso)? Para las personas que trabajamos en instituciones dedicadas a hacer ciencia, como el Consejo Superior de Investigaciones Científicas, la percepción de nuestro trabajo por parte de la sociedad es un asunto de importancia capital (sobre todo porque esa sociedad sufraga nuestros salarios e investigaciones). Ante estas noticias tan dispares, ¿qué puede pensar la ciudadanía del trabajo que hacemos en las instituciones científicas? ¿Trabajamos para el bien de la humanidad o para su destrucción? Rebuscando en internet se siguen encontrando noticias algo más alentadoras: parece que la probabilidad de que la nanotecnología acabe con los seres humanos está cuantificada en el 0,01% (¿cómo se obtienen estos datos?). Sin embargo, un 0,01% es un número muy grande comparado con la probabilidad de que nos toque un buen premio en la lotería. Tampoco es para tranquilizarnos demasiado.

En cualquier caso, esta dualidad beneficio-peligro no es una novedad, pues todas y cada una de las tecnologías desarrolladas por la especie humana no son inocuas, manifestando tanto aspectos positivos como negativos. Sin embargo, parece que tras la euforia por dominar la materia a escala nanométrica, otros aspectos más inquietantes se han puesto sobre la mesa, sembrando la opinión pública de dudas justificadas en unas ocasiones y de alarmas exageradas en otras. Pero esto no es algo nuevo.

La organización Amigos de la Tierra (FoE en inglés) organizó en 2010 la primera manifestación antinanotecnología en Australia, en el Festival de la Moda de Melbourne, protestando por el uso, sin ensayos previos, de nanopartículas en cosméticos. Años atrás protestas similares se habían producido en otros puntos del planeta. En 2006, un millar de personas se manifestaron delante del gran Centro de Innovación en Micro y Nanotecnología (MINATEC) que el gobierno de Francia abría en Grenoble al grito de "¡No al tecnototalitarismo!". Años antes, en 1999, el grupo ecologista canadiense Grupo de Acción sobre Erosión, Tecnología y Concentración (más conocido a nivel mundial como Grupo ETC) mostraba en diversos informes su inquietud sobre los problemas asociados a la nanotecnología y en 2002 solicitó una moratoria sobre el desarrollo de esta disciplina, precisamente en el momento en el que se disparaban las inversiones públicas y privadas con la finalidad de transferir los conocimientos de la nanociencia y de la nanotecnología desde los laboratorios a los mercados.

En ocasiones se ha ido más allá de las meras acciones de protesta y se ha llegado a atentar contra la vida de investigadores como ocurrió en México, en agosto de 2011, cuando un grupo antinanotecnología envió un paquete bomba al Instituto Tecnológico y de Estudios Superiores de Monterrey, causando graves lesiones al director del Doctorado en Ciencias de la Ingeniería, Alejandro Aceves López. Un ataque similar, sin consecuencias, se intentó en las mismas fechas en el Instituto Politécnico Nacional en Zacatecas. Los atentados fueron reivindicados por un grupo ecoanarquista autodenominado Individualidades Tendiendo a lo Salvaje (ITS), para los que "la nanotecnología es una de las tantas ramas del sistema de dominación a la Tierra y que todos los que nos encontremos en ella nos habremos convertido en una gran masa gris, donde reinarán nanomáquinas inteligentes". Como se ve, extremistas peligrosos puede haber en cualquier ámbito de la vida. Menos mal que este hecho fue puntual y no ha tenido imitadores.

Todas estas acciones contra la nanotecnología, unas pacíficas y respetables y otras violentas y detestables, aparecen justo en un momento en el que gobiernos, centros de investigación y empresas han pisado el acelerador para lograr que las promesas de la nanotecnología se hagan realidad. ¿Nos encontramos ante una pugna de intereses políticos y económicos? Lo que parece innegable es que en los últimos años ha comenzado un lento pero imparable rechazo a algunos productos nacidos con la nanotecnología y ahora es posible encontrar a la venta algunos con la etiqueta *"Not nano"* como marchamo tranquilizador para el usuario, cuando unos años atrás muchos productos exhibían la etiqueta *"Nano inside"*. Esta tendencia es global y en países como España asociaciones de fabricantes de cosméticos buscan sustitutivos para las nanopartículas por temor a que los consumidores rechacen estos productos. Esta situación de incertidumbre y desconocimiento en los consumidores es un caldo de cultivo donde aparecen timadores sin escrúpulos. En el año 2015, en las redes sociales circulaba un vídeo en el que se mostraba cómo fabricar un dispositivo casero que eliminaba las "nefastas" nanopartículas que todos tenemos en nuestro cuerpo y que han llegado allí sin nuestro consentimiento.

Por un lado, grupos ecologistas y anticapitalistas; por otro, gobiernos y empresas; por otro más, los investigadores, y, en medio, los ciudadanos que son consumidores de los cientos de nuevos artículos fruto de la nanotecnología y que, como contribuyentes, usuarios o compradores, financian las investigaciones en este campo. Para más inri, una gran parte de ellos aún desconoce lo que es la nanotecnología a pesar de los esfuerzos realizados en estos años desde las instituciones, aunque es cierto que ese desconocimiento difiere de unos países a otros. Esta falta de conocimiento puede utilizarse de manera interesada en una dirección u otra, tanto para adoptar una postura pro- como antinanotecnología, mediante informaciones veraces o con un aparente rigor científico. Nos encontramos ante una situación inestable, en la que el mercado de productos nanotecnológicos puede crecer de una manera sostenida o irse al traste, y esto puede depender en gran medida de la percepción de la sociedad.

Este libro pretende exponer la situación en la que nos encontramos, mostrando de forma neutra y veraz los beneficios y riesgos de la nanotecnología. En cuanto a los beneficios, se verá que ya hay un mercado creciente de dispositivos y materiales que son fruto del desarrollo de la nanotecnología y que están presentes en nuestras casas, coches, oficinas, hospitales y tiendas. En cuanto a los riesgos, veremos que hay algunos que son comunes a otras tecnologías, que tienen una componente más socioeconómica en unos casos o más especulativa en otros. Sin embargo, una parte importante del libro se centra en los nanomateriales que pueden causar daños biológicos y medioambientales.

Se mostrarán los datos que ahora conocemos sobre vías de contacto y penetración, los posibles daños que pueden causar, así como las repercusiones que tiene toda esta información en cuanto a la vigilancia de la salud, la prevención de riesgos, la elaboración de normativas, etc. Esperamos que al terminar la lectura, el lector o la lectora tenga una información más clara para establecer una posición frente a la llegada de la nanotecnología sin caer en un terror paralizante, alarmismos infundados o euforias descontroladas, sabiendo que los beneficios que podemos extraer de la nanotecnología exigen también el control de sus riesgos, y que en todo ello se trabaja incesantemente en la comunidad científica, colaborando con otros estamentos de la sociedad.

Agradecimientos

Nos gustaría agradecer a nuestras respectivas familias su apoyo y su comprensión durante la redacción del libro. También al conjunto del CSIC por la posibilidad de trabajar en una institución que es un referente mundial de la investigación en todas las disciplinas, en particular en la nanociencia y la nanotecnología, y que es pionero en España en el desarrollo de estudios sobre los riesgos e impacto de la nanotecnología.

CAPÍTULO 1
Viviendo en la era de la nanotecnología

El inabarcable nanomundo

Las personas suelen estar familiarizadas con cierta jerga científica, como por ejemplo con el prefijo "micro", procedente del vocablo griego *mikrós*, que significa "pequeño". Microbio, microelectrónica o microondas son palabras que ya forman parte de nuestro vocabulario. Sin embargo, en ciencia se usan otros prefijos que también están relacionados con lo diminuto como "pico" (del italiano *piccolo*, que también significa "pequeño") y "nano" (del griego *nanós*, que corresponde a "enano"). Pero en ciencia se intenta ser preciso y objetivo, y cada uno de estos prefijos se asocia a una cantidad: micro a la millonésima parte de algo, nano a la milmillonésima parte y pico a la billonésima. Nos centramos ahora en el prefijo nano que, por supuesto, puede aplicarse a diferentes unidades de medida. Por ejemplo, podemos hablar de un nanoamperio o de un nanosegundo, pero también podemos hablar, aunque no es frecuente, de un nanosiglo (la milmillonésima parte de cien años, edad que ya se alcanza con relativa frecuencia), es decir, un nanosiglo equivale a unos 3,15 segundos. Evidentemente estamos ante un prefijo que equivale a algo muy pequeño. Si nos fijamos en el nanómetro (abreviado como nm), estamos hablando de una longitud muy pequeña en la que podríamos poner solo unos cuantos átomos (de 3 a 5, según la especie química). Un nanómetro y un metro guardan la misma relación que la existente entre 3,15 segundos y un siglo. En fin, se trata de un tamaño estremecedoramente ínfimo.

El nanómetro es la unidad apropiada para medir objetos formados por átomos, unidades fundamentales que se enlazan químicamente para formar todo lo que nos rodea, incluidos nosotros mismos. Es cierto que los átomos se forman con electrones, neutrones y protones. A su vez, los protones y neutrones están constituidos por otras partículas que se enlazan mediante interacciones no químicas. Sin embargo, el estudio de la materia a esas escalas de tamaño (y energías mucho más elevadas) se realiza desde la física de partículas, otro apasionante campo de la ciencia.

El nanómetro se puede usar para medir otros objetos, pero es una unidad muy pequeña y entonces los números que la acompañan se hacen demasiado grandes. Por ejemplo, una célula puede medir típicamente 5.000 nm, un cabello humano tiene un diámetro de unos 80.000 nm y una persona mediría típicamente 1.700.000.000 nm. Volvamos a la escala del nanómetro e intentemos satisfacer nuestra curiosidad entendiendo cómo los átomos se enlazan entre sí para formar diminutas partículas o moléculas, y cómo estas entidades a su vez forman estructuras supramoleculares más complejas que presentan nuevas propiedades y son capaces de llevar a cabo funciones sorprendentes. Cuando satisfacemos esta curiosidad hacemos nanociencia y buscamos entender cómo funciona la materia cuando nos la encontramos en porciones nanométricas y qué propiedades posee (mecánicas, ópticas, eléctricas, magnéticas, etc.). Si estas propiedades son interesantes desde el punto de vista aplicado y pueden dar lugar a dispositivos y materiales con propiedades mejoradas o radicalmente nuevas, entonces el enfoque es otro y se dice que hacemos nanotecnología. Nanociencia es, por tanto, entender cómo funcionan las cosas ahí abajo en lo que se ha denominado el "nanomundo", y cómo las propiedades de la materia dependen de la forma y el tamaño en que se nos presenta. Por otro lado, la nanotecnología se concentra en explotar todos esos conocimientos para procurar mejorar las condiciones de vida de los seres humanos. Mucho se ha escrito sobre la nanociencia y la nanotecnología y ya hay bastante información, asequible al gran público, que permite profundizar en estos temas (Acosta Jiménez, 2016; Martín Gago *et al.*, 2008, 2014; Sargent, 2007; Serena, 2010). En este capítulo nos limitaremos a dar algunas pinceladas sobre estas disciplinas.

Por lo general se intenta ser precisos a la hora de definir los límites de trabajo de la nanociencia y la nanotecnología, y existe la convención por la que los objetos de interés para estas disciplinas son aquellos con tamaños (en alguna de sus tres dimensiones) comprendidos entre las típicas de un átomo (décimas de nanómetro) y varios cientos de nanómetros en función de la propiedad estudiada (aunque por lo general se toma el tamaño de 100 nanómetros como cota superior para tener una referencia más clara). Este rango de tamaños es lo que se denomina "nanoescala". Como se habrá observado, en el ámbito de la nanociencia y la nanotecnología existe una tendencia a usar el prefijo "nano" hasta la extenuación y veremos más adelante que además de hablar de nanopartículas o nanomateriales, se habla también de nanoproductos, nanotoxicidad, nanoética, nanotoxicología, etc. Sin duda, este término ha resultado muy pegadizo y en ciertos contextos se emplea como sinónimo de modernidad y futuro, a veces de manera errónea y otras de manera fraudulenta.

¿Podemos manipular a nuestro antojo los materiales o la naturaleza impone límites?

Cuando nos adentramos en la nanoescala comienzan a aparecer las entidades que habitan estos paisajes, a los que, de forma general, podemos denominar "nanoobjetos". Algunos, como los átomos y las moléculas más sencillas, nos resultan familiares, pero enseguida nos damos cuenta de que las combinaciones y formas son innumerables, resultando en entidades de mayor complejidad. Moléculas de ADN, nanotubos de carbono, láminas de grafeno, fullerenos, membranas celulares, proteínas, liposomas, dendritas, nanohilos y nanopartículas de formas y composiciones diversas, etc., son los protagonistas del nanomundo (Serena, 2010). En ocasiones nos encontramos estas entidades aisladas pero, en una gran mayoría de los casos, las pequeñas entidades nanométricas se combinan entre sí para dar lugar a objetos de mayor tamaño que siguen manteniendo estructuras diferenciadas cuando se observan a escala nanométrica mediante potentes microscopios. En unos casos tenemos estructuras relativamente simples, como las que se observan en algunas aleaciones metálicas formadas por granos nanométricos, pero en otros forman estructuras tan complicadas como un virus, donde moléculas de ADN o ARN y proteínas dan lugar a una estructura sofisticada capaz de realizar muchas funciones (con importantes daños colaterales). Un interesante ejemplo de convivencia de nanoestructuras en un material ideado por los seres humanos lo encontramos en el acero plástico, presentado en 2007 por investigadores de la Universidad de Michigan, formado por laminillas de arcilla de tamaño nanométrico que se unían entre sí mediante un polímero, de manera similar a como los ladrillos se unen con cemento para formar una pared. El resultado es un material ligero, flexible y transparente, pero más resistente que el acero, de ahí su nombre.

Por lo tanto, los paisajes del nanomundo son muy variados, pudiéndonos encontrar tanto en la soledad de la superficie de una lámina de grafeno, como asistiendo al paso de electrones a través de las partes nanométricas de un transistor de los que forman parte del procesador de nuestro teléfono móvil, o en medio de la frenética actividad del interior de una célula donde nanomáquinas efectúan tareas de manera automática, coordinándose mediante reacciones químicas, como una gran factoría[1].

Una de las características más importantes de la nanociencia y de la nanotecnología ya le habrá venido a la cabeza al lector o lectora: su carácter multidisciplinar. En la nanoescala lo mismo estamos hablando de una nanopartícula con ciertas propiedades ópticas, de un nanoporo abierto en una membrana, de un biosensor de ADN basado en un transistor de un material tan novedosos como el grafeno o de una nanopartícula magnética sintetizada de forma natural en el interior de una bacteria. La nanoescala o el nanomundo es el punto de encuentro de muchas disciplinas tradicionales como la física, la química, la biología, la medicina y la ingeniería. Efectivamente, la nanociencia y la nanotecnología son multidisciplinares y esto permite generar conocimientos nuevos a partir del contacto entre ideas procedentes de ámbitos inicialmente distantes. Este carácter multidisciplinar trae consigo algunos problemas como, por ejemplo, la gran amplitud de miras necesaria para trabajar junto con investigadores de otras disciplinas usando jergas científicas diferentes. El objetivo de todas las disciplinas cuando trabajan en la nanoescala es el mismo: controlar la materia a escala atómica y molecular para hacer los objetos que deseemos, con propiedades "a medida".

Sin embargo, ¿podemos hacer con los materiales lo que nos venga en gana en nuestros laboratorios o hay límites

1. Se recomienda al lector que visite la página web http://htwins.net/scale2/ para poder viajar de forma interactiva por las diferentes escalas de tamaños de los objetos que forman nuestro universo.

impuestos por la naturaleza? Es evidente que la naturaleza impone sus reglas y los nanomateriales y nanoobjetos deben fabricarse o sintetizarse siguiendo estas reglas. Por ejemplo, un investigador creería necesario unir dos átomos de hidrógeno y uno de oxígeno formando una cadena en forma de línea recta con la secuencia H-H-O. Ahora imaginemos que el investigador en cuestión ha desarrollado una máquina capaz de mover átomos de manera individual hasta las posiciones que él desee. Pues bien, la secuencia H-H-O no es viable y los átomos se "negarían" a permanecer en esta colocación. ¿Por qué? Porque la naturaleza sigue unas reglas propias que los seres humanos hemos logrado descifrar en el último siglo. Dicha reglas se reúnen en la llamada mecánica cuántica, una teoría poco intuitiva, pero que ha sido desarrollada y puesta a prueba durante el último siglo (Miret Artés, 2015). Por cierto, la mecánica cuántica se estudia solo en algunas carreras universitarias de manera profunda, y no está al alcance de todos, pero, simplificando, se puede decir que es el "manual de instrucciones de la naturaleza". Dicho manual nos impide formar algunos de los nanoobjetos que se nos vienen a la cabeza, pero permite formar un incontable número de nanoestructuras —sirva como ejemplo la variedad que posee la naturaleza—. Siguiendo con el ejemplo anterior, si intentamos formar la cadena H-O-H encontraríamos que es una construcción viable, y que automáticamente abandonaría la estructura lineal para formar un ángulo de 104,5°, dando lugar a la molécula de agua (que expresamos como H_2O).

Ya hemos visto que la mecánica cuántica es muy importante para entender fenómenos que ocurren en la nanoescala, pero no debemos olvidar que las demás leyes físicas, como la interacción entre cargas electrostáticas o las reglas que rigen el enlace químico, siguen siendo válidas en el nanomundo. En este sentido, la nanociencia no se puede entender como una revolución científica ya que no plantea nuevas leyes físicas que sustituyan a las anteriores, sino que utiliza todo el arsenal de teorías y metodologías existentes para entender cómo funciona el nanomundo y propone vías de síntesis y fabricación de nuevos nanoobjetos y nanomateriales de los que se espera obtener nuevas propiedades.

El anterior ejemplo de la síntesis del agua nos viene bien para mencionar que la nanotecnología va a permitir fabricar materiales y dispositivos nuevos, pero es evidente que ese esfuerzo no se va a realizar en sintetizar materiales que ya encontramos de forma masiva en la naturaleza, como puede ser el caso del agua, o que se pueden sintetizar usando tecnologías que son más baratas. La nanotecnología será competitiva en tanto en cuanto proporcione materiales y dispositivos con propiedades muy competitivas de una forma barata en comparación con los obtenidos con otras técnicas.

¿Por qué esta obsesión por la nanotecnología? Esencialmente porque las propiedades de la materia cuando esta aparece en formato nanométrico pueden llegar a ser muy diferentes de aquellas que tiene la materia cuando se nos presenta en formato macroscópico (que suele ser el habitual en nuestro entorno cotidiano). En general, hablamos de efectos de tamaño para referirnos a aquellos efectos que se ponen de manifiesto cuando el tamaño de los objetos cambia. Por ejemplo, un cubito de materia de 1 cm de lado tiene una superficie de 6 cm^2 y un volumen de 1 cm^3. Su capacidad para reaccionar con el entorno (reactividad) viene dada por esos 6 cm^2 de superficie. Ahora imaginemos que tenemos un molinillo que es capaz de triturar nuestro cubo inicial formando cubos (nanocubos) de 1 nm de lado. En total tendríamos ahora 10^{21} nanocubos (mil trillones) que ocuparían de forma conjunta el mismo volumen (1 cm^3) pero con una superficie total de 6.000 m^2. Evidentemente la capacidad de reaccionar con el entorno ha crecido muchísimo gracias al aumento de la superficie específica del material. Otros efectos de tamaño los podemos visualizar estudiando el cambio del punto de fusión de un material. Una nanopartícula de oro, por ejemplo, funde a una temperatura más baja que un pedazo de oro de tamaño macroscópico. Otra propiedad evidente de las nanopartículas es que pueden pasar a través de huecos y poros muy pequeños, cosa que sus "hermanas mayores" no pueden hacer. Esto, que puede parecer una perogrullada, es una propiedad de gran importancia en algunos ámbitos como la medicina.

Otros beneficios evidentes de trabajar con cosas más pequeñas los encontramos en los procesadores y memorias de nuestros ordenadores y teléfonos móviles. Para fabricar procesadores de más capacidad se requiere aumentar el número de transistores por unidad de superficie, lo que requiere disminuir su tamaño. Algo similar ocurre con la memoria de nuestros dispositivos: disminuir el tamaño de un bit implica aumentar la cantidad de información que puedo guardar en la misma superficie. A modo de ejemplo se puede mencionar que una memoria de teléfono móvil de 32 GB ocupa una superficie de 1 cm^2 (como una uña aproximadamente). Sabiendo que 1 GB equivale a mil millones de bytes y que un byte está formado a su vez por 8 bits (siendo el bit la unidad básica de información), una sencilla división puede llevar a visualizar dicho bit como un pequeño cuadrado de 18 nm de lado (¡llevamos nanotecnología en nuestros bolsillos!).

Además de los efectos de tamaño vistos anteriormente, existen otros, de origen cuántico, que tienen una explicación algo más complicada. Estos efectos de tamaño hacen que una nanopartícula de ciertos materiales seminconductores emita luz de diferentes colores en función de su tamaño, de forma que las nanopartículas un poco más grandes emiten colores rojizos y las más pequeñas colores azulados, recorriendo todos los colores del arcoíris (espectro electromagnético visible, si somos más precisos) a medida que cambia el tamaño. Aunque este efecto es complicado de entender, se puede comparar con lo que ocurre con las notas musicales que emiten los tubos de un órgano. En este caso sabemos que un tubo largo emite una onda mecánica o sonido grave (de longitud de onda grande), mientras que un tubo corto emite una onda mecánica aguda (de longitud de onda corta). Por lo tanto se establece la analogía "tubo largo = longitud de onda larga" y "tubo corto = longitud de onda corta". Pues bien, en la nanoescala, las nanopartículas de diámetro grande emiten ondas electromagnéticas —que conocemos como luz— con longitud de onda grande, mientras que las nanopartículas de diámetro pequeño emiten ondas electromagnéticas de longitud de onda más pequeña. Esto significa que en función del tamaño de la nanopartícula controlamos el color de la luz que emite. Otro ejemplo de los efectos de tamaño cuánticos son los que explican cómo unos nanotubos de carbono conducen la electricidad mientras que otros se comportan como aislantes en función del diámetro de los nanotubos o de la forma concreta en la que se orientan los átomos dentro del nanotubo. Todas estas propiedades, modificadas por los efectos clásicos y cuánticos de tamaño, proporcionan una mayor versatilidad de los materiales, y explotar esa versatilidad es el verdadero interés de la nanotecnología.

Hasta este momento hemos hablado de las propiedades que van a tener los nanomateriales debido a los efectos de tamaño, tamaño que se debe intentar controlar mediante diversas técnicas, pero la nanociencia y la nanotecnología tienen también otro enfoque si nos ponemos a pensar que la nanotecnología está en realidad vinculada a la propia vida. Una célula es un sistema complejo de varias micras de tamaño que funciona como una auténtica factoría en la que miles de componentes nanométricos especializados (cadenas de ADN, ribosomas, membranas celulares, mitocondrias, etc.) trabajan sincronizadamente mediante reacciones químicas. Por otro lado, los virus son otro ejemplo de nanomáquinas capaces de realizar decenas de funciones biológicas durante su ciclo vital. Aprender lo que ocurre en células o virus es crucial para diseñar nanomáquinas similares que hagan las tareas que deseemos. Además, la vida nos proporciona interesantes ejemplos en los que las nanoestructuras tienen protagonismo, como las existentes en las superficies de las alas de algunas mariposas o de ciertos escarabajos, dando lugar a colores metalizados, las nanoestructuras hidrofóbicas (que repelen el agua) que nos encontramos en las hojas de loto y que evitan la proliferación de bacterias o las nanofibras que están en algunas extremidades de algunos animales permitiéndoles caminar por superficies lisas y verticales.

La vida tiene una forma de funcionamiento en la que construye objetos de "abajo arriba" (*bottom-up* en inglés), en la que unidades pequeñas se ensamblan de una forma ordenada y codificada para dar lugar a estructuras más complejas y sofisticadas. Además, las metodologías de fabricación de la naturaleza están diseñadas para trabajar a temperatura ambiente, un asunto a tener en cuenta a la hora de imitar técnicas que requieran bajo consumo de energía. Por ejemplo, existen bacterias magnetotácticas que son capaces de sintetizar partículas de magnetita (Fe_3O_4) o greigita (Fe_3S_4) de unas cuantas decenas de nanómetros, para formar "magnetosomas", que son estructuras que intervienen en la orientación de las bacterias durante su movimiento. Lo importante es determinar qué rutas químicas emplean estas bacterias para lograr fabricar nanopartículas sin necesidad de utilizar grandes cantidades de energía.

La aproximación *bottom-up* se diferencia mucho de la aproximación usada en muchas ocasiones por los humanos, en la que se parte de lo grande para lograr alcanzar estructuras más pequeñas ("de arriba abajo" o *top-down*). Por lo tanto, la naturaleza nos proporciona ejemplos a seguir en lo relativo a la forma de sintetizar nanoestructuras y sobre cómo lograr que estas funcionen coordinadamente dentro de una entidad de mayor tamaño. Así, la naturaleza es una fuente inagotable de "bioinspiración" que se convierte en un aspecto más a tener en cuenta en la nanociencia y la nanotecnología, proporcionando a la biología un papel de creciente importancia.

En cualquier caso, se debe mencionar que la nanotecnología aprovechará tanto las aproximaciones *bottom-up* como las *top-down*, o combinaciones de ambas a la hora de sintetizar nanomateriales o crear nanoestructuras, como discutiremos en el próximo capítulo.

Una larga historia

El control de la materia a escala nanométrica comenzó hace mucho tiempo. Sabemos que nuestros antepasados ya lo alcanzaron sin conocer los fundamentos de la estructura atómica y molecular de la materia, a base de ensayos de prueba-error que permitían elaborar procedimientos secretos que se pasaban de padres a hijos para mantener el monopolio de ciertos conocimientos técnicos. Se han encontrado numerosos ejemplos como el uso de nanopartículas de plomo, con efecto bactericida, en los maquillajes de los egipcios para perfilar el contorno de los ojos. Otro ejemplo es la incorporación de nanopartículas de diversos metales (oro, plata y cobre) al vidrio para obtener diferentes coloraciones, efecto que encontramos en la famosa copa de Licurgo exhibida en el Museo Británico de Londres o en las asombrosas vidrieras medievales de muchas catedrales europeas. Los árabes también utilizaron estas nanopartículas metálicas hace más de mil años para obtener el brillo metálico de las cerámicas (efecto conocido como lustre), uso que se extendió por el Mediterráneo llegando a las cerámicas del levante español, de Paterna o Manises. También los árabes fueron capaces de crear espadas de excepcionales propiedades (las famosas espadas de Damasco) gracias a la presencia de nanotubos de carbono que fortuitamente se incorporaban al hierro durante el proceso de enfriamiento y forjado en contenedores con carbón vegetal. En Centroamérica, los mayas obtuvieron coloraciones azules de alta resistencia (el azul maya) logrando introducir moléculas de añil en el interior de los poros nanométricos (nanoporos) que algunas arcillas poseen de forma natural. Ya en el siglo XIX las placas fotográficas utilizadas por Daguerre (conocidas como daguerrotipos) contenían nanopartículas de haluros metálicos.

Todos los ejemplos anteriores ponen de manifiesto que el hombre llegó a tener soluciones nanotecnológicas sin conocer muy bien sus fundamentos. Sin embargo, desde que en el contexto de la química moderna se postuló la noción de átomo —originalmente propuesta por Demócrito hace 24 siglos—, conocemos que los átomos se combinan para formar el mundo y se intercambian de unos materiales a otros mediante reacciones químicas. Los 118 tipos de átomos diferentes (especies atómicas) que actualmente forman la tabla periódica de los elementos, incluyendo los últimos cuatro elementos incorporados en 2015, dan lugar a toda la materia que nos rodea, con sus innumerables formas y propiedades. Además, como ya se ha mencionado, desde el siglo XX sabemos cómo dichos átomos se enlazan y se separan siguiendo las reglas de la mecánica cuántica. Por lo tanto, si conocemos las piezas y las reglas podemos pensar en la química como si se tratase de un complejo juego de construcción mediante el que, controlando ciertos parámetros (temperatura, presión, pH, etc.), forzamos de una manera habilidosa la conversión de unas sustancias en otras mediante reacciones químicas. Eso sí, la química siempre se enfoca a la producción de grandes escalas, teniendo en cuenta que "gran" escala puede ser bien un tubo de ensayo en el que pueden encontrarse varios cuatrillones de moléculas o bien un reactor industrial para producir toneladas de productos.

Por otro lado, la nanotecnología, en su versión más extrema, pretende controlar a escala atómica la construcción de estructuras con un control último de su composición, tamaño, forma y ubicación, con la finalidad de formar estructuras más complejas. En esta concepción, nuestro objetivo es saber cómo manipular átomos, pero evidentemente antes de aprender cómo moverlos tenemos que tener herramientas para verlos. Pues bien, se puede decir que a durante todo el siglo XX la ciencia y la tecnología han hecho un largo viaje desarrollando herramientas cada vez más precisas que permitían observar y manipular la materia a una escala cada vez más y más pequeña. Este viaje ha estado jalonado de avances en distintas disciplinas que han ido contribuyendo al dominio sobre el nanomundo, pasando primero por el control del micromundo. En cierto modo, a la vista de lo sucedido en los últimos 100 años, quizás la nanotecnología era un paso inevitable para la humanidad. Sin embargo, como ocurre en las grandes aventuras científicas, siempre hay figuras y descubrimientos destacados.

Es posible que la más importante de las figuras científicas del ámbito de la nanociencia y la nanotecnología sea una persona que nunca trabajó en estas disciplinas. Nos referimos al físico estadounidense R. Feynman que, a finales de la década de los cincuenta, en una memorable conferencia celebrada ante la Sociedad Americana de Física, mencionó que los seres humanos algún día manipularían y observarían átomos gracias a potentes máquinas, sin contradecir ley física alguna, y que esta capacidad permitiría grandes avances en electrónica y medicina (Feynman, 1960). Esta conferencia se pronunció tan solo una década después del descubrimiento del transistor a finales del 1947 por J. Bardeen, W. H. Brattain y W. B. Shockley (quienes recibieron el Premio Nobel de Física en 1956), momento considerado como el nacimiento de la era de los semiconductores y de toda las tecnologías de la información y la comunicación en la que estamos viviendo. Las predicciones de la conferencia de Feynman se han ido cumpliendo a medida que se han desarrollado capacidades tecnológicas que pudieran profundizar en nuestra comprensión del nanomundo. Por cierto, R. Feynman recibió el Premio Nobel de Física en 1965 por sus contribuciones en el mundo de la física teórica, tema alejado de la nanotecnología.

A finales de los años sesenta, J. R. Arthur y A. Y. Cho desarrollaron el método de crecimiento de materiales mediante epitaxia de haces moleculares (conocido como MBE, del inglés *molecular beam epitaxy*). Con este método se comenzaron a crear estructuras que consisten en capas con distintas composiciones químicas que pueden llegar a tener un solo átomo de espesor. Esta técnica, junto con otras como la litografía óptica y electrónica, es la base de toda la industria de la microelectrónica (Huertas *et al.*, 2015) y también ha sido fundamental para otros descubrimientos realizados en el ámbito de la física de la materia condensada. En 1974, un profesor de ingeniería en Tokio, N. Taniguchi, acuñó el término "nanotecnología". Es importante mencionar que esta palabra surge en un contexto dentro del ámbito de la ingeniería, de conocimiento aplicado, cuyo uso se ha extendido fuera de un contexto especializado, mientras que el término "nanociencia" ha quedado relegado a un segundo plano, quizás más encerrado en los laboratorios.

En el ámbito de la química, durante los años setenta y ochenta del siglo XX tuvo gran desarrollo el estudio de pequeños agregados metálicos (denominados clústeres) que luego han mostrado su potencial como catalizadores de reacciones químicas. Los estudios sobre clústeres han sido claves para los posteriores descubrimientos que han sintetizado las ahora denominadas nanopartículas. También en el ámbito de la química, H. Kroto, R. Curl y R. Smalley dirigieron en 1985 los equipos que descubrieron la molécula C_{60}, conocida como "fullereno". Esta molécula, en la que 60 átomos de carbono se disponen formando hexágonos y pentágonos como si se tratase de un balón de fútbol de un nanómetro de diámetro, se ha convertido en un auténtico icono de la nanociencia y la nanotecnología y sus descubridores fueron galardonados con el Premio Nobel de Química en el año 1996. En 1986,

K. E. Drexler propone en su libro *Engines of Creation: The Coming Era of Nanotechnology* (Drexler, 1986) la creación de diferentes nanoestructuras y nanomáquinas usando sistemas autónomos robotizados capaces de trabajar con la materia en la nanoescala, denominados "ensambladores universales". Aunque esta visión fue controvertida y rechazada por una gran mayoría de la comunidad científica, las ideas de Drexler tuvieron y tienen gran repercusión mediática.

En 1991, el científico japonés S. Iijima descubre los nanotubos de carbono, en los que hexágonos formados por átomos de carbono dan lugar a estructuras tubulares con diámetros y formas diversas. Estos nanomateriales, con asombrosas propiedades eléctricas y mecánicas, han recibido gran atención durante estas dos últimas décadas por su potencial en diferentes aplicaciones. Sin embargo, "hoy las ciencias adelantan que es una barbaridad" (frase del libreto de la zarzuela *La verbena de la Paloma*, del compositor Tomás Bretón), y en el año 2004, un equipo de la Universidad de Manchester, liderado por A. K. Geim y K. S. Novoselov, descubrió otra forma de la materia basada en el carbono, pero en esta ocasión con estructura bidimensional (2D), también basada una trama hexagonal de átomos de carbono. Esta estructura 2D es conocida como grafeno (Menéndez y Blanco, 2014), material con propiedades aún más asombrosas que las mostradas por los nanotubos de carbono. Este material ha centrado el interés de miles de grupos de investigación de todo el planeta y las empresas —especialmente chinas y coreanas— han puesto sus ojos en él por sus increíbles prestaciones. Geim y Novoselov recibieron el Premio Nobel de Física en 2010. Para mostrar otro hito reciente en la apasionante historia de la nanociencia mencionaremos que en 2016 J. P. Sauvage, F. Stoddart y B. Feringa recibieron el Premio Nobel de Química por la invención de las máquinas moleculares. Además, de todos los protagonistas que se han mencionado en este apartado, hay muchísimos más que han realizado contribuciones importantes en este campo. Como hemos visto, la historia de la nanociencia no es tan reciente y lleva más de medio siglo dando pasos en la misma dirección: el control del nanomundo.

Ver, manipular y construir en el nanomundo

A la anterior lista de grandes científicos que han contribuido al desarrollo de la nanociencia y de la nanotecnología vamos a añadir dos más por su especial relevancia. Nos referimos a H. Rohrer y G. Binnig, investigadores de la empresa IBM, que a principios de los años ochenta desarrollaron un sencillo instrumento —o al menos eso parece hoy— denominado microscopio de efecto túnel (STM, del inglés *scanning tunneling microscopy*). Este instrumento se basa en el uso de una pequeña punta metálica que se acerca a una superficie de material conductor de la electricidad y se mueve sobre ella rastreando minúsculas corrientes, permitiendo de esta manera extraer información sobre la posición de los átomos. El microscopio trabaja usando una aproximación local, ya que la sonda exploratoria (la punta) se acerca a cada punto de la superficie y mide localmente lo que ocurre. El microscopio STM supuso un antes y un después en el ámbito de investigación al permitir la obtención de imágenes de átomos, moléculas, etc. En el caso de los microscopios electrónicos de transmisión (TEM, del inglés *transmission electron microscopy*), inventados por E. Ruska en la primera mitad del siglo XX, la aproximación es no local, ya que las sondas exploratorias que se lanzan sobre la muestra y la atraviesan son electrones con elevadas energías que se analizan mediante detectores también alejados de la misma. Es decir, los microscopios STM supusieron un cambio de filosofía a la hora de abordar el estudio de los nanoobjetos. Ruska, Rohrer y Binnig recibieron en 1986 el Premio Nobel de Física. Es paradójico (y quizás algo triste) ver que el primero tuvo que esperar más de 50 años para obtener este gran reconocimiento mientras que los otros dos investigadores apenas lo hicieron un lustro.

Es importante decir que en la actualidad los microscopios TEM han alcanzado una gran resolución de pocos picómetros, siendo capaces también de desvelar la estructura atómica de muchos materiales. Recientemente, uno de estos aparatos ha sido capaz de identificar la posición y la especie química de cada uno de los átomos que formaban una nanopartícula de más de 30.000 átomos. Por cierto, un picómetro es la milésima parte de un nanómetro. Hace unos meses se ha instalado un microscopio TEM de alta resolución en la Universidad Complutense de Madrid que se encuentra entre los diez más potentes del mundo en estos momentos —aunque estas clasificaciones cambian con cierta rapidez—. Esta instalación se suma a otras ya existentes en centros de investigación de San Sebastián, Zaragoza o Barcelona. Estos equipos cuestan varios millones de euros, pero son herramientas imprescindibles si un país desea mantenerse en la vanguardia de la creación de conocimientos de alta calidad (o de excelencia, como se dice ahora).

La llegada de los microscopios STM ha sido clave para desarrollar otras herramientas que nos permiten explorar el nanomundo, como los microscopios de fuerzas atómicas (AFM, del inglés *atomic force microscopy*) que miden localmente las débiles fuerzas que aparecen entre las estructuras que forman o se encuentran en una superficie (átomos, moléculas y proteínas) y una pequeña punta que se encuentra al final de una palanquita flexible. Este ingenioso artilugio, junto con una potente electrónica de control y análisis, permite observar material de todo tipo, incluyendo material biológico. Células, virus, proteínas, cadenas de ADN, etc., se analizan cotidianamente con esta técnica, logrado relacionar la nanociencia y la nanotecnología con la biología y la medicina.

Sin embargo, una cosa es ver el nanomundo y sus curiosos habitantes y otra es tocar y manipular la materia en esas diminutas escalas. Pues bien, en 1989 el equipo dirigido por D. Eigler de IBM utilizó un equipo STM para manipular átomos de forma individual ubicándolos en las posiciones que los investigadores desearon, formando el logotipo de la compañía IBM. Esta imagen es otro de los iconos de la nanotecnología. Usando este tipo de herramientas y asumiendo que conocemos las reglas de la mecánica cuántica se puede llegar a concebir una versión extrema de la nanotecnología que nos presenta los átomos como las piezas de un juego de construcción que son ensamblados mediante potentes instrumentos para formar otros objetos, tal y como concibió Drexler. Sin embargo, esta forma de fabricar objetos seguramente no se lleve nunca a la práctica por temas de rentabilidad. Imaginemos que queremos fabricar un procesador como los que hoy usamos, con unos mil millones de transistores, y que cada transistor está formado por un millón de átomos (aunque en realidad este número es mucho mayor). Imaginemos también que somos capaces de mover, uno a uno, un millón de átomos por segundo con ayuda de sofisticados robots ensambladores (aunque en realidad en estos momentos en los laboratorios somos capaces de mover unos pocos átomos por hora). Con estos datos se puede estimar que el tiempo de fabricación de un único procesador por un robot-ensamblador sería de unos mil millones de segundos… ¡más de 30 años! Evidentemente, ninguna empresa de microelectrónica querría implementar semejante procedimiento de fabricación para sustituir el arsenal de tecnologías actualmente disponibles. Otras soluciones pasarían por usar miles de millones de robots-ensambladores que funcionaran de manera coordinada, pero aún nos queda mucho por aprender para lograr esto y las propuestas empiezan a ser muy especulativas.

Para que el conocimiento que nos brinda la nanociencia se transforme en un conocimiento aplicable y útil —el sueño de la nanotecnología— se requiere alcanzar la producción en masa de nanomateriales y nanodispositivos y su integración sin defectos en sistemas de mayor complejidad. En el ámbito de la electrónica, el control de la materia a escala nanométrica es evidente y las herramientas que se usan en este sector permiten fabricar, desde hace muchos años, estructuras nanométricas e integrarlas en los procesadores o chips. En el ámbito de la química se han desarrollado muchas técnicas y procedimientos que poseen la capacidad de producir materiales nanométricos de forma masiva. Por ejemplo, las técnicas de deposición química en fase de vapor (CVD, del inglés *chemical vapor deposition*), que cuentan con más de un siglo de experiencia acumulada y han tenido un gran auge a partir de la década de los cincuenta, actualmente permiten la fabricación de cientos de toneladas anuales de nanotubos de carbono y de grafeno.

Otro ejemplo de fabricación a gran escala de materiales nanoestructurados que forman parte de un sistema mucho más grande se puede ilustrar mediante el proyecto puesto en marcha por Endesa y en el que participaron, entre otras entidades, el CSIC (a través del Instituto de Ciencia de Materiales de Barcelona) y la Universidad Autónoma de Barcelona. Dicho proyecto presentó en 2010 un cable de 30 metros fabricado con nanoestructuras de materiales óxidos superconductores, nanoestructuras que fueron crecidas usando métodos de deposición química. Para hacernos una idea de lo que representa hacer un cable de estas características, es como alicatar, sin apenas fallos, una carretera de un millón de kilómetros (25 veces la vuelta a la Tierra) a base de unir baldosas de 10 cm de lado. En el proyecto se pudo optimizar el funcionamiento del cable mediante la manipulación de la composición, las distancias entre los átomos y la forma de las nanoestructuras. Dicho cable batió el récord mundial de intensidad de corriente, 3.200 amperios, transportando una potencia eléctrica cinco veces superior a la de los cables convencionales de cobre de las mismas dimensiones y con menos pérdidas de energía. Aunque estos cables aún no se producen a escala industrial porque tienen un elevado coste, son un buen ejemplo sobre cómo el uso de componentes nanométricos logra mejorar las propiedades en un objeto macroscópico.

Este primer capítulo deja claro que la nanociencia y la nanotecnología son un cóctel en el que la física, la química, la biología, la ingeniería y la medicina se centran en comprender cómo funciona el nanomundo, desde sus particulares visiones y metodologías, con el fin de explotar sus fascinantes propiedades. En fin, nos encontramos ante un perfecto mestizaje de conocimientos, y como bien nos recuerda una canción del grupo Jarabe de Palo "... en lo puro no hay futuro, la pureza está en la mezcla, en la mezcla de lo puro que antes que puro fue mezcla".

CAPÍTULO 2

El lado amable de lo pequeño

Lo pequeño: bienestar, prosperidad y, también, negocio

La nanotecnología, debido al origen multidisciplinar de la nanociencia de la que procede, es una herramienta transversal que va a tener incidencia en todos y cada uno de los sectores económicos, por alejados que puedan parecer de la nanoescala. Un paso clave para lograr pasar del tubo de ensayo o del pequeño prototipo al mercado es lograr fabricar en grandes cantidades todo tipo de nanoobjetos e integrarlos en sistemas macroscópicos, que son con los que en realidad interactuamos. Muchas de las herramientas desarrolladas en los laboratorios para sintetizar cantidades pequeñas de material se han podido adaptar a la producción en masa necesaria para las industrias.

Una cuestión de importancia a la hora de escalar una tecnología es determinar sus costes de implementación y desarrollo. Si una nanotecnología, por hermosa que parezca a su inventor, tiene costes elevados en comparación con otras, demos por seguro que su implantación industrial será descartada. En los laboratorios continuamente se proponen procesos de fabricación, unos de tipo *top-down* y otros *bottom-up*, pero una gran mayoría de ellos se desestiman por diversas razones a la hora de convertirlos en sistemas de producción en masa. Solo los métodos más productivos y eficientes sobreviven. Por ejemplo, las litografías óptica y electrónica ya se usan en la industria de fabricación de micro y nanocomponentes electrónicos. Mientras tanto, en los laboratorios se han desarrollado otros métodos como la litografía *dip-pen* (que imita a una pluma estilográfica que dibuja motivos de tamaño nanométrico sobre una superficie), la nanolitografía de oxidación local (en la que una punta similar a la del microscopio STM crea motivos de óxido de silicio sobre una superficie de este silicio) o la nanoimpresión (en la que se crea un molde con motivos nanométricos que se estampa sobre un material polimérico blando repitiendo los motivos para rellenar una gran superficie). Estas tres aproximaciones, cada una con sus ventajas y desventajas, aún no han dado el salto claro a la industria, ya que deben competir con las técnicas convencionales que han sido optimizadas a lo largo de varias décadas para lograr la máxima producción con los menores costes. Por lo tanto, vemos que desde la propuesta realizada en el laboratorio a la producción industrial hay un proceso de selección muy exigente.

La nanociencia, para un científico, ante todo es fascinación, belleza y satisfacción intelectual al descifrar los misterios del nanomundo. Sin embargo, cuando hablamos de nanotecnología, la tecnología de lo diminuto, se espera algo más que satisfacción intelectual y la sociedad demanda la generación de beneficios sociales. A finales de los años noventa, la nanotecnología comenzó a plantear promesas que requerían un esfuerzo adicional para convertirse en realidad. Ante el impacto esperado de la nanotecnología, en el año 2000, durante la presidencia de Bill Clinton, el gobierno federal de Estados Unidos puso en marcha la Iniciativa Nacional en Nanotecnología (más conocida como NNI, de

National Nanotechnology Initiative). Entre 2001 y 2017 se han invertido en ese país la friolera de 24.000 millones de dólares en contratación de personal, proyectos, equipamientos y centros de investigación involucrando a diferentes ministerios y agencias. A esta cifra se debe sumar la cantidad procedente de los diferentes estados, la invertida por las universidades y la creciente aportación del sector privado. Un objetivo no confesado de la iniciativa NNI era desbancar a Europa de su papel hegemónico en nanociencia (tal y como se pone de manifiesto en la lista de premios Nobel relacionados con esta disciplina).

Evidentemente, a raíz de la puesta en marcha de la NNI en Estados Unidos, otros países comenzaron a invertir en nanotecnología, temiendo quedar rezagados en el reparto del "pastel comercial" que se veía venir. Por ejemplo, la investigación en nanotecnología ha sido prioritaria en los últimos tres macroprogramas o programas marco que financian la I+D+i en la Unión Europea. En el último programa marco, conocido como Horizonte 2020, la nanotecnología se considera como una tecnología facilitadora de la competitividad industrial, dando por hecho que está saltando del laboratorio a la industria. En el caso de España, la Red Española de Nanotecnología (NanoSpain) fundada en el año 2000 y que ahora integra a 360 grupos de investigación, sirvió para impulsar esta disciplina, facilitando que las administraciones públicas pusiesen en marcha diversas iniciativas, como la Acción Estratégica de Nanociencia y Nanotecnología que se mantuvo entre 2004 y 2011.

Se puede decir que el apoyo a la nanotecnología ha sido similar al que han tenido otras grandes iniciativas científico-técnicas como la conquista del espacio, el proyecto del genoma humano o la puesta a punto de los grandes aceleradores de partículas. Esta gran inversión tuvo un reflejo inmediato en la producción de artículos en nanociencia y nanotecnología. Por ejemplo, en el año 2000, el número de artículos sobre estas temáticas alcanzó los 16.000 publicados; en 2005 fueron más de 45.000; en 2010 unos 82.000, y en 2015 superaron los 140.000. Un crecimiento prácticamente exponencial como ilustra la figura 1. Evidentemente, no todos estos trabajos tienen la misma repercusión, pero estamos ante un aluvión de descubrimientos e ideas. Se debe destacar que Estados Unidos fue el país líder en publicaciones en nanociencia y nanotecnología hasta el año 2008, fecha en la que fue superado por la República Popular China. En estos momentos, la clasificación mundial está liderada por diez países, que por orden de producción de artículos científicos son: República Popular China, Estados Unidos, India, Corea del Sur, Alemania, Irán, Japón, Francia, Reino Unido y España. El papel de España es relevante en cuanto a publicaciones científicas, gracias a la Acción Estratégica antes citada y a la creación de casi una decena de centros de investigación por parte de universidades, comunidades autónomas y el CSIC.

Algunas de las ideas publicadas son susceptibles de transformarse en materiales o procedimientos que darán lugar a bienes y productos tangibles, lo que ha hecho que las inversiones de las empresas en nanotecnología hayan ido creciendo poco a poco. Sabemos que, por lo general, los avances del conocimiento más aplicable se protegen mediante patentes, sobre todo en el ámbito empresarial. Así pues, tras la explosión de las publicaciones en nanociencia y nanotecnología llegó la explosión de las patentes en estos campos (Dang *et al.*, 2010). En el año 2001 se registraron unas 1.300 patentes en la Oficina de Patentes de Estados Unidos, número que casi llegó a 8.500 en 2015. Los países líderes en patentes en dicha oficina son: Estados Unidos, Japón, Corea del Sur, Taiwán, República Popular China, Alemania, Francia, Holanda, Reino Unido y Canadá. En dicha clasificación, España aparece en decimonovena posición, un puesto más atrasado que en la clasificación de publicaciones, mostrando el problema existente en relación con la generación de conocimiento y la transferencia de tecnología (Serena, 2009b). Hay que resaltar que la entidad española que más artículos y patentes internacionales tiene es el CSIC (Maira *et al.*, 2015). Esto, que es muy positivo para una institución pública dedicada a la investigación, refleja por el contrario el poco peso de la industria española en cuanto a la protección del conocimiento que genera. Sin embargo, por ser algo optimistas, el número de empresas dedicadas a la nanotecnología, muchas de ellas pequeñas *spin-offs* de universidades y centros de investigación, continúa creciendo en los últimos años a pesar de la crisis que nos azota.

FIGURA 1

Evolución, entre 2001 y 2015, de los artículos sobre nanotecnología publicados en revistas internacionales (columnas negras) y de patentes de la misma temática registradas en la Oficina de Patentes de Estados Unidos (columnas grises). Obsérvese que en el eje vertical se usa una escala logarítmica.

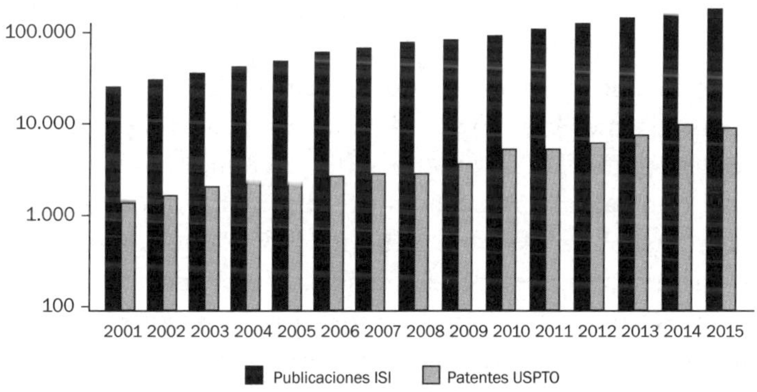

FUENTE: ELABORACIÓN PROPIA A PARTIR DE LOS DATOS DE LA WEB STATNANO (HTTP://STATNANO.COM/).

La existencia de patentes revela que se están desarrollando y vendiendo muchos productos que contienen nanotecnología. La estimación del impacto económico de la nanotecnología es un asunto de extremada complejidad ya que todo depende de los productos que se entiendan como nanotecnológicos, de las informaciones obtenidas a partir de las declaraciones de empresas, de los registros sobre el tráfico mundial de productos, etc. Nos encontramos que hay muchos informes en los que se mencionan cantidades muy dispares, que van de los 20.000 a los 700.000 millones de dólares (Delgado, 2008). Si nos centramos tan solo en el mercado de las nanopartículas de diseño para productos industriales de consumo, incluyendo farmacológicos y médicos, se estima que ahora mismo alcanza la cifra de 1.000 millones de dólares. Por lo tanto, el mercado de la nanotecnología, en el que participan ya miles de empresas en el mundo, comienza a manejar volúmenes considerables de negocio.

El don de la ubicuidad

La nanotecnología, al igual que ocurre con las tecnologías de la información y de la comunicación, emergerá con distinta intensidad en productos de diferentes sectores, mostrando un carácter ubicuo. En unos casos, la parte "nano" del producto que estemos usando se reducirá a un pequeño porcentaje de nanopartículas o nanotubos de carbono, pero suficiente para cambiar las propiedades del mismo. En otros casos, la parte "nano" será la parte esencial del producto como puede ocurrir en los procesadores o chips, cuyos elementos básicos, los transistores están formados por partes con tamaños nanométricos. Evidentemente hay sectores económicos en los que la penetración de la nanotecnología es mayor que en otros. Cuando esta penetración es escasa, en unos casos se debe a la necesidad de superar barreras tecnológicas que impiden la fabricación en masa a bajo coste. Sin embargo, hay otros casos en los que las barreras de tipo normativo impiden que la nanotecnología se desarrolle a más velocidad. De este tema hablaremos más adelante.

A continuación vamos a hacer un repaso a algunos de los productos que ya encontramos en los supermercados, tiendas u hospitales que están basados en desarrollos nanotecnológicos. Resulta difícil poner ejemplos, no porque no los haya, sino por todo lo contrario. Existen varias entidades que se dedican a identificar aquellos productos que contienen nanocomponentes o nanomateriales. En Estados Unidos, hace casi diez años que el instituto Wilson Research Centre puso en marcha el Proyecto sobre Nanotecnologías Emergentes (PEN) que lleva asociado un inventario de "nanoproductos" que crece continuamente. En estos momentos hay 1.827 productos registrados en esta base de datos, casi todos comercializados en Estados Unidos (Vance *et al.*, 2015). Es interesante observar que las categorías donde se agrupan los nanoproductos son: cosmética y cuidado personal, casa y jardín, automoción, electrónica, alimentación y bebidas, electrodomésticos y productos infantiles. Todas estas categorías están, en general, muy relacionadas con productos que se usan cotidianamente. Otras bases de datos son *The Nano DataBase* de Dinamarca y *Nanotechnology Products Database* de Irán. En esta última, publicada en 2016, ya se mencionan más de 7.100 productos. Por su parte, el Ministerio de Salud, Bienestar y Deporte de Holanda publicó en 2011 un inventario de los productos que se podían encontrar en Europa hasta 2010, mostrando que un total de 879 se habían comercializado (Wijnhoven *et al.*, 2010). La cantidad de productos difiere de unos informes a otros debido a que se realizan con criterios dispares, en fechas diferentes y sobre zonas geográficas distintas.

Sea cual sea la fuente de información sobre los productos que contienen nanomateriales o nanodispositivos, es evidente que la nanotecnología va invadiendo nuestras vidas de manera imparable. Son tantos que es difícil hacer una descripción detallada por lo que en las páginas siguientes mostraremos solo algunos ejemplos que visualizarán los beneficios de la nanotecnología. Es importante recalcar que cuando nos referimos a los beneficios lo hacemos pensando en dos concepciones: por un lado, los de tipo social, que permiten una mejora en las condiciones de las personas y el progreso de la humanidad sin implicar daño para nuestro planeta, y por otro, los de carácter económico, concentrados generalmente en las empresas que comercializan los productos y los servicios, compitiendo en un mercado internacional gracias a su apuesta por la I+D+i.

FIGURA 2

Nanociencia como ámbito multidisciplinar y sectores de aplicación de la nanotecnología.

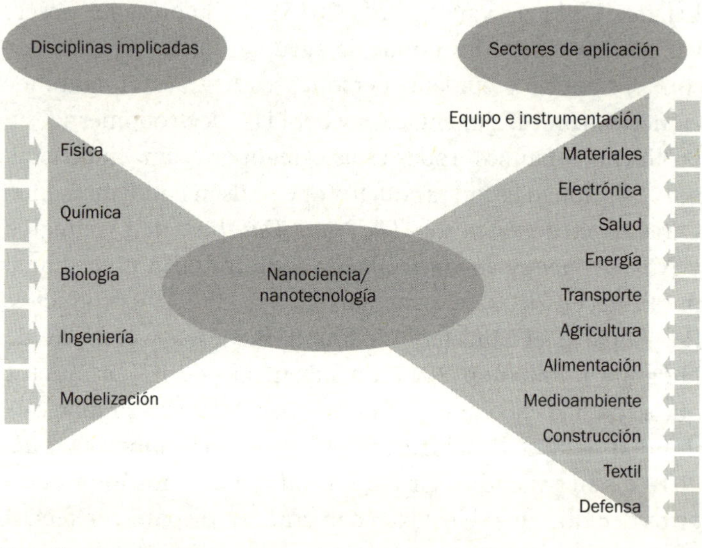

FUENTE: ELABORACIÓN PROPIA.

Instrumentación y equipamiento

Por lo general, a este sector no se le presta la debida atención, pero es evidente que para manipular la materia a escala nanométrica, caracterizar nanomateriales o producirlos a gran escala se requieren equipamientos que por lo general no son baratos. Por ejemplo, las nuevas generaciones de microscopios TEM están en manos de media decena de empresas que compiten en un mercado formado por centros de investigación de universidades y de algunas grandes compañías. Por su parte, los microscopios STM y AFM, que tienen un coste unas 50-100 veces inferior al de los TEM de última generación, son comercializados por medio centenar de empresas que mantienen una feroz competencia, varias de ellas ubicadas en países de economías emergentes. Las técnicas de fabricación basadas en la aproximación CVD, de la que ya hemos hablado antes, están dominadas por unos cuantos proveedores de equipamiento, aunque aquí hay más diversidad en cuanto a países. Es importante mencionar que hace dos o tres décadas las empresas relacionadas con la caracterización y fabricación de nanomateriales se concentraban en Estados Unidos, Europa y Japón; actualmente, se ha producido un desplazamiento hacia Asia con la irrupción de empresas coreanas y chinas. Lamentablemente, el papel de Europa está pasando a un segundo plano. En el caso de España, que nunca ha tenido un número grande de empresas punteras en este ámbito, la crisis actual ha hecho que alguna empresa dedicada al diseño y comercialización de equipos de tipo AFM haya cerrado. Esto es un contrasentido en un país que quiere basar su competitividad en el conocimiento y que debería fortalecer este tipo de empresas. Pensemos que cuando entidades públicas o privadas adquieren equipos en otros países, están usando recursos del país para financiar la I+D+i de esos otros países.

Nanomateriales para industrias clásicas

Es un ejercicio interesante acceder a la página web de la empresa Alibaba[2], el gigante mundial del comercio *online*, y en la búsqueda de productos introducir la palabra *"nanoparticle"*.

2. https://alibabagroup.com/

Para nuestro asombro, aparecen miles de productos diferentes: nanopartículas de plata, oro, dióxido de titanio (TiO_2), dióxido de silicio (SiO_2), óxido de zinc (ZnO), óxido de hierro (Fe_2O_3), etc. También aparecen equipos para fabricar o analizar nanopartículas, así como componentes para otros usos que las contienen. Lo curioso es que hay empresas que anuncian que el pedido mínimo es de 50-100 gramos para algunos tipos de nanoparículas, pero se dan casos de empresas para las que el pedido mínimo es de 20 toneladas. Estas grandes cantidades se dan, por ejemplo, en productos como la nanopartículas de TiO_2 y SiO_2. En algunos casos concretos se menciona el destino que tienen estas nanopartículas. Por ejemplo, las de SiO_2 se emplean, junto con las de negro de carbón, como materiales de refuerzo y para mejorar la adhesión de los neumáticos. Resultados similares se encuentran si buscamos en páginas web más especializadas.

Cuando buscamos los términos nanotubo (*nanotube*) o grafeno (*graphene*) en el mismo proveedor *online* encontramos de nuevo miles de productos. En el caso de los nanotubos de carbono nos encontramos empresas con pedidos mínimos de 10 gramos (cuando se trata de nanotubos de alta pureza), mientras que otras ofrecen nanotubos de menor pureza con pedidos mínimos de cientos de kilogramos. Estas grandes cantidades se pueden ofertar porque la capacidad instalada de producción mundial de nanotubos de carbono es superior a las 10.000 toneladas. Ya hay varias compañías que tienen una capacidad de producción del orden de 1.000 toneladas anuales. En cuanto al grafeno, volvemos a encontrar una gran variedad de precios y pedidos mínimos que dependen de varios factores, pero particularmente de la pureza del material: cuantos más defectos tenga el producto, más capacidad de producción, y por lo tanto se pueden ofrecer precios más baratos. Pero ¿por qué se fabrican cantidades tan elevadas de nanopartículas o nanotubos de carbono? La respuesta es fácil de adivinar: porque se usan a gran escala.

Hemos visto que nanopartículas de diversos tipos se emplean en neumáticos, pero también sirven como materiales de refuerzo en adhesivos y pinturas. Los nanotubos de carbono, en pequeñas cantidades, permiten reforzar y aligerar diversos componentes de automóviles. Por lo tanto, la industria del transporte comienza a consumir nanomateriales. En cuanto al sector de la construcción, ya llevan tiempo usándose cementos con nanopartículas de TiO_2 que, gracias a su efecto fotocatalítico, permiten que los exteriores de los edificios se mantengan limpios a la vez que ayudan a limpiar el aire de óxidos nitrosos. La empresa italiana Italcementi proporcionó el cemento que se usó para construir la iglesia del Jubileo de Roma, que se mantiene de un blanco impoluto a pesar de estar sumergida en una atmósfera tan contaminada como la romana. En España, la empresa Acciona Infraestructuras ha llevado a cabo ensayos de estos nanomateriales en diferentes edificios y pavimentos urbanos, como las fachadas de un edificio en Getafe perteneciente a la Universidad Carlos III de Madrid o las soleras de hormigón de la estación de autobuses de Ávila. En el ámbito de la construcción merece la pena señalar que en el Instituto de Ciencias de la Construcción Eduardo Torroja (IETCC) se están ensayando diferentes soluciones para evitar la corrosión en el hormigón basadas en la nanotecnología. Una de ellas se fundamenta en la presencia de nanocápsulas que se abren en presencia del oxígeno liberando sustancias reductoras que frenan los procesos de oxidación. Además de los cementos, la construcción se beneficiará del desarrollo de ventanas con nanopartículas para filtrar la radiación ultravioleta o ventanas con moléculas fotocrómicas nanoencapsuladas que permitirán regular la intensidad de la luz en el interior de los edificios.

Otro sector tradicional, el de la industria textil, se verá beneficiado por los nanomateriales gracias a la incorporación de nanopartículas de titanio o de plata, con efectos bactericidas.

Marcas de ropa deportiva ya comercializan prendas deportivas con este tipo de nanomateriales que tienen la ventaja de ensuciarse menos y evitar los males olores. Una empresa australiana de trajes de baño utilizó nanopartículas superhidrofóbicas (que repelen el agua de forma bastante expeditiva), adheridas a materiales poliméricos en diversos modelos de bañadores de competición. No es de extrañar que con este tipo de prenda deportiva se batiesen marcas en competiciones oficiales, ya que al repelerse el agua, la fricción disminuye, aumentando la velocidad de desplazamiento. En cierto modo podría hablarse de un "efecto Moisés" porque las aguas se apartaban del bañador. Este asunto no estuvo exento de polémica e incluso se habló de "dopaje tecnológico" pues la tecnología proporcionaba ventaja a unos deportistas frente a otros. También es posible impermeabilizar tejidos usando productos con nanopartículas hidrofóbicas que se lanzan mediante espray. En fin, nanomateriales de muy diverso tipo se utilizan ya en muchos sectores de industrias convencionales que aprovechan las ventajas de la nanotecnología para mejorar los productos.

Nanoelectrónica

Es usual describir las generaciones de microprocesadores a partir del tamaño de una parte de los transistores, el denominado "canal" (una región por la que los electrones circulan desde una parte a otra del transistor). El procesador Pentium 4 de Intel fue el primero cuya longitud de canal fue de 90 nm, y, por tanto, desde entonces debemos hablar de nanoelectrónica en lugar de microelectrónica. En cualquier caso estamos hablando de la electrónica basada en silicio, que es la que ha impulsado la revolución tecnológica y social que estamos vertiginosamente viviendo desde hace medio siglo. Siguiendo la tendencia observada por G. Moore, fundador de Intel, a principios de la década de 1970, las factorías de procesadores siguen aumentando la capacidad de integración, doblando aproximadamente cada dos años el número de transistores por unidad de superficie (Huertas *et al.*, 2015). Esta tendencia se conoce como Ley de Moore. En la práctica, significa que cada poco tiempo nuestros teléfonos móviles y ordenadores se quedan obsoletos porque una nueva generación de procesadores con muchos más transistores y más capacidad de trabajo aparece en el mercado. En estos momentos nuestros equipos electrónicos más sofisticados utilizan mayoritariamente tecnología de 22 nm, que fue lanzada entre 2010 y 2014, o de 14 nm, que apareció entre 2014 y 2016. Y este alocado ritmo continúa. La empresa taiwanesa TSMC comenzará la producción de chips de tecnología de 7 nm en 2018, y planea llegar a los 5 nm en 2020. Fabricantes como Intel señalan que el límite físico probablemente se alcanzará al llegar precisamente a este tamaño y que para entonces la Ley de Moore dejará de cumplirse. ¿Qué va a suceder en ese momento? Se espera que nuevos materiales y nuevas metodologías nanotecnológicos irrumpan en el mundo de la electrónica. En el año 2012 IBM presentó un chip basado en 10.000 nanotubos de carbono y un año después un grupo de la Universidad de Stanford presentó el primer prototipo de computador con un procesador fabricado con nanotubos de carbono. Es solo un primer paso, pero ya existen planes ambiciosos en diversas empresas y universidades para diseñar potentes procesadores de nanotubos de carbono que es posible que salgan al mercado en una veintena de años.

El grafeno ha aparecido en la escena mundial como el material milagroso que revolucionará muchos sectores industriales. Empresas como IBM e Intel han desarrollado ya transistores experimentales que contienen grafeno. Los nanotubos de carbono y el grafeno tienen ventajas adicionales, como una mejor propagación de los electrones y una menor disipación de energía. En el caso particular del grafeno, se espera que los procesadores puedan operar a una frecuencia de más de 100-400 veces superior a la usada actualmente. Nos toca echar al vuelo nuestra imaginación: ¿qué tipo de aplicaciones tendremos en teléfonos móviles 100 veces más potentes?

No solo memorias y procesadores se benefician de la nanotecnología, ya que esta disciplina ayuda a mejorar considerablemente otros dispositivos. En el año 2016, una empresa surcoreana de electrónica ha comercializado televisores con la tecnología "Nano Crystal", mientras que su rival, también surcoreana, ha lanzado su gama de televisores "Quantum Dot". En ambos casos los píxeles incluyen nanopartículas (conocidas como puntos cuánticos) de materiales semiconductores que mejoran la emisión de luz de los diodos OLED (del inglés *organic light emitting diode*). Por cierto, merece la pena destacar que en menos de 15 años hemos visto la completa desaparición de las televisiones de tubos de rayos catódicos.

Energía, agua y medioambiente

La nanotecnología como herramienta facilitadora cobrará especial importancia en el desarrollo de nuevas estrategias en asuntos relacionados con la gestión de los recursos naturales y las fuentes de energía (Serena, 2009b; Gómez-Romero, 2010). Podemos poner varios ejemplos reales sobre cómo la nanotecnología opera en estos ámbitos. El más cercano es el uso masivo de los dispositivos LED (del inglés *light emitting diode*) como sistema más eficiente de iluminación que está remplazando a las bombillas de filamento incandescente. Para nuestros nietos una bombilla eléctrica será similar a lo que es un candil para nosotros: un artilugio del pasado. Pues bien, los LED son hijos de la nanotecnología, ya que para fabricarlos se emplean técnicas similares a los que se han usado en microelectrónica para controlar el espesor nanométrico de capas de diferentes materiales. Por otro lado, una compañía japonesa de electrónica presentó en 2014 un sistema de fotosíntesis artificial creado con técnicas propias de la microelectrónica. Este sistema está basado en un material semiconductor de nitruro de galio e indio que es más eficiente que las plantas, pero con un coste muy elevado, por lo que no se ha comercializado a gran escala por el momento. Este tipo de instalaciones convierten el CO_2 atmosférico en combustibles (metano y etanol) utilizando la luz solar. Estos equipos, aún muy costosos, podrían convertir nuestros edificios en estructuras fotosintéticas. Si adicionalmente los edificios contienen nanopartículas de TiO_2 (capaces de eliminar óxidos de nitrógeno) se lograría una considerable disminución de la contaminación en nuestras ciudades.

Además de los ejemplos anteriores, mediante técnicas basadas en la nanotecnología se están desarrollando nanomateriales para el desarrollo de paneles solares, pilas de combustible, supercondensadores o baterías. Muchos de estos desarrollos saltan a los mercados. Por ejemplo, en julio de 2016, una compañía china ha presentado la primera batería comercial capaz de almacenar más carga y con mayor duración que las baterías de ion-litio. Sin embargo, la gran ventaja de estas baterías es su tiempo de carga: 15 minutos. ¿No pagaríamos 20 o 30 euros más por un teléfono móvil cuya batería tuviese una duración dos o tres veces mayor y se recargase en unos pocos minutos? Sistemas de almacenamiento eficiente de energía y de carga rápida se están desarrollando para implantar el coche eléctrico, lo que también supondrá una reducción de la contaminación atmosférica y acústica en las ciudades.

Centrándonos ahora en el tema del agua y el medioambiente, la nanotecnología proporciona sistemas de filtros con nanoporos capaces de filtrar selectivamente ciertos contaminantes del agua o del aire, nuevas membranas para desalación más eficiente del agua marina mediante osmosis inversa, sensores más eficientes para la detección de sustancias contaminantes, nanopartículas magnéticas diseñadas para unirse a moléculas de sustancias contaminantes para ser luego extraídas del agua mediante la aplicación de campos magnéticos, etc. Muchos de estos desarrollos están en un estado inicial, pero otros ya están en fase piloto, como los estudios para descontaminar aguas subterráneas usando nanopartículas de hierro.

Cosmética, alimentación y medicina

Además de emplearse en edificios, vehículos, teléfonos móviles, televisores, etc., la nanotecnología tiene una incidencia evidente en las personas a través de productos cosméticos, médicos o alimentarios. En cuanto a los primeros, su uso se ha extendido mucho en las últimas décadas. Ya en el año 1998, una conocida marca de cosméticos con una fabulosa cartera de patentes de nanotecnología lanzó un producto que contenía nanosomas encargados de la liberación de pro-retinol A, efectivo contra las arrugas. Mucho ha llovido desde entonces y actualmente una gran cantidad de productos contienen nanoestructuras que se utilizan para la liberación de productos activos. Por otro lado, innumerables cremas para la protección de la radiación solar contienen nanopartículas de ZnO o TiO_2, que permiten un bloqueo más eficiente de la radiación ultravioleta. También es posible encontrar estos nanomateriales en productos como pintalabios. Por cierto, el TiO_2 es un material que se ha usado desde hace mucho tiempo en otros productos de consumo como pasta de dientes o en alimentación (como colorante E171).

La alimentación tampoco escapa al desarrollo de la nanotecnología. Ya se han comercializado envases y bolsas para alimentos que contienen nanopartículas de plata por su poder bactericida, o botellas de vidrio que contiene nanopartículas capaces de bloquear la luz ultravioleta para prolongar la vida del producto embotellado. Ya existe una empresa que se ha especializado en el desarrollo de arcillas nanométricas que se incorporan en diversos polímeros para hacer botellas más estancas, evitando la entrada o salida de gases. Por otro lado, los propios alimentos pueden ser modificados mediante el uso de la nanotecnología, como el nanoencapsulado de diferentes principios activos. Este encapsulado evita que la sustancia protegida produzca cambios en el sabor del alimento en la boca, y permite que la liberación del alimento tenga lugar en tramos concretos del tracto intestinal. Quizás la molécula más conocida que en estos momentos se encapsula sea el ácido omega-3, que puede adicionarse en leche, yogur, pan, galletas, etc., pero existen otros principios activos o complementos nutricionales que se intentan incorporar a los alimentos, usando el nanoencapsulado, como lecitina de soja, lactasa, bacterias prebióticas, ácido ascórbico, isoflavonas, extracto de ajo, etc.

El uso médico de la nanotecnología (que se denomina nanomedicina) requeriría varios cientos de páginas porque es un tema de creciente impacto en los últimos años. Este auge que ahora presenciamos de la nanomedicina tiene una explicación. Sabemos que la salida al mercado de productos farmacéuticos requiere un largo proceso de ensayos, muy selectivos, que puede llegar a durar una quincena de años desde el descubrimiento del fármaco hasta su aprobación para comercializarse. Si recordamos que las grandes inversiones en nanotecnología comienzan a principios de este siglo y sumamos 15 años entenderemos la razón de este auge. También esto explica por qué sectores con una regulación menos exigente, como la cosmética o la alimentación, han visto antes la irrupción de nanoproductos en el mercado.

La nanomedicina toca distintos frentes: 1) apósitos, vendajes y material quirúrgico de mejores prestaciones (efecto bactericida, más absorción, etc.); 2) nuevos implantes basados en nanomateriales con más resistencia y durabilidad; 3) regeneración de tejidos basada en nanomateriales porosos con principios activos incorporados que sirven para la implantación de células y el de tejidos; 4) nanobiosensores capaces de detectar diferentes sustancias que permitirán controlar mejor la aparición y tratamiento de enfermedades; 5) nanopartículas funcionalizadas (es decir, a las que se les dota de funciones específicas mediante el recubrimiento con sustancias como enzimas o anticuerpos) que se unen a células tumorales y permiten su localización con técnicas ópticas o mediante resonancia magnética nuclear; y 6) nuevas terapias para tratar enfermedades cardiovasculares o distintos tipos de cáncer.

Un estudio publicado en 2014 (Weissig *et al.*, 2014) mostraba que hay casi medio centenar de productos comercializados basados en sistemas nanométricos de distinto tipo para liberar el fármaco de forma más controlada y eficaz. Desde mediados de los años noventa se han venido utilizando de manera creciente diferentes estrategias basadas en nanomateriales o nanopartículas: liposomas, otras formulaciones basadas en lípidos, polipéptidos, nanocristales, nanopartículas de material polimérico, fármacos conjugados, formulaciones basadas en surfactantes, en nanopartículas metálicas o en partículas víricas, todas ejemplos —no siempre fáciles de entender— de tipos de nanofármacos. Uno de los más conocidos es un conjugado proteína-fármaco (albúmina unida a paclitaxel) en una formulación de nanopartículas para el tratamiento de cáncer de mama metastásico, que fue aprobado en Estados Unidos en 2005. En la actualidad, se estima que varios cientos de formulaciones de nanofármacos están en fase de estudio.

Además de los liberadores de fármacos, otra revolución ha llegado a la medicina en los últimos años: la hipertemia magnética. Esta técnica permite una reducción de los tumores cerebrales gracias a la destrucción selectiva de las células tumorales sin dañar aquellas que están sanas mediante el uso de nanopartículas magnéticas. En esta aproximación estas nanopartículas —generalmente de óxido de hierro, Fe_2O_3— se funcionalizan para reconocer y acoplarse en las célula tumoral. Una vez conseguido, se aplica un campo electromagnético de tipo microondas desde el exterior concentrado en la región tumoral y se logra el calentamiento de las células tumorales hasta que se destruyen. Esta línea de actuación terapéutica fue aprobada en 2010 por la Agencia Europea del Medicamento (EMA) para tratamiento de tumores sólidos, como los cerebrales. Uno de los primeros productos basados en esta aproximación ha sido comercializado por una empresa alemana para el tratamiento del glioma un tipo de tumor cerebral). Varios hospitales alemanes ya han incorporado esta tecnología en su cartera de servicios. La misma empresa está a la espera de obtener aprobación para tratamientos similares en el caso de cáncer de próstata, mama y tiroides.

La nanotecnología no solo se limita a mejorar los tratamientos de muchas enfermedades, sino que está detrás de la aparición de nuevos instrumentos y dispositivos que van a revolucionar la medicina. Como ejemplo podemos mencionar el caso de una empresa inglesa que actualmente comercializa equipos de secuenciación de ADN basados en un sistema que identifica las diferentes bases que forman una cadena de ADN mediante el paso de la misma a través de un poro nanométrico abierto en una lámina de material polimérico. Estos equipos tienen un tamaño mucho más pequeño que el de los secuenciadores basados en tecnología previas y alguno incluso cabe en la palma de la mano. El objetivo final de la empresa es conseguir la secuenciación del ADN de una persona por un coste inferior a los 100 euros, lo que puede facilitar el desarrollo de una medicina preventiva a lo largo de toda la vida basada en el conocimiento de nuestro código genético, lo que nos permitirá anticiparnos al desarrollo de muchas enfermedades.

Seguridad y defensa

Hasta aquí hemos descrito algunos de los productos presentes ya en el mercado y que contienen componentes nanométricos que les confieren propiedades mejoradas. Estos productos no son más que una muestra de los varios millares de ellos que ya están a la venta. Por otro lado, no debemos olvidar que la nanotecnología invade todos y cada uno de los sectores industriales y podríamos haber incluido productos relacionados con actividades como la restauración artística, nuevas formulaciones de pesticidas para el sector agrario, ambientadores utilizados en hogar y vehículos, etc. Evidentemente, hay un ámbito de la actividad del ser humano en el que la nanotecnología tiene también su impacto: la defensa y la seguridad. En países como Estados Unidos, la Iniciativa Nacional de Nanotecnología destina más del 20% de sus inversiones al Departamento de Defensa. En el MIT se ha creado el Instituto para las Nanotecnología del Soldado, en el que se estudia cómo los nanomateriales aumentan la protección y capacidad de supervivencia de los soldados en las operaciones de combate. El Ministerio de Defensa de España también está desarrollando diferentes programas en sus centros de investigación. Además de sistemas de protección y control de constantes vitales de los soldados, los nanomateriales tienen una evidente utilización en sistemas de visión nocturna, sensores de explosivos, estructuras más resistentes a impactos de proyectiles, nanosatélites militares, drones con mayor alcance, armamento más ligero, etc. Es muy complicado acceder a una relación de nanoproductos militares ya que esta información suele ser confidencial.

La nanotecnología tiene un doble uso, civil y militar, como ha ocurrido con muchas de las tecnologías que el ser humano ha inventado y desarrollado desde el principio de los tiempos. También es cierto que muchas de las aplicaciones militares que son fruto de la nanotecnología se pueden transformar en productos de consumo. Sin embargo, este esquema de llegada de productos al mercado también tiene algunos detractores; los temas de seguridad y defensa siempre causan polémica, pero el debate social es necesario y positivo siempre que se haga sobre datos reales y actitudes honestas, asumiendo que parte de la información siempre cae en el territorio de la confidencialidad.

De la convergencia NBIC al desarrollo sostenible

Como se ha mencionado en varias ocasiones, la nanociencia y la nanotecnología se fraguan en una confluencia de otras disciplinas científicas y parece que van a ser elementos transformadores del futuro (Pagliaro, 2010). Por otro lado, la nanotecnología tiene un carácter transversal y facilitador, como ocurre con la biotecnología o las tecnologías de la información. Precisamente, estas tecnologías de tipo facilitador se encuentran y mezclan con facilidad, dando resultados insospechados. Por ejemplo, podemos pensar en utilizar un determinado tipo de virus como molde o plantilla a partir del cual se van a sintetizar nanohilos metálicos que, a su vez, se incluyen en un dispositivo de almacenamiento de energía que prestará su servicio en un teléfono móvil o en un coche eléctrico. Esta combinación creativa de tecnologías, que requiere el concurso de biólogos, químicos, físicos, médicos e ingenieros, es lo que se denomina convergencia tecnológica. En estos últimos 20 años hemos asistido a la convergencia de la nanotecnología, la biotecnología, las ciencias de la información y las ciencias del conocimiento, lo que se denomina convergencia NBIC (de nano, bio, info y cogno). Cuando estas convergencias ocurren, aparecen oleadas tecnológicas, tal y como señaló el economista J. A. Schumpeter en la primera mitad del siglo pasado. Dichas oleadas de conocimiento impulsan profundos cambios en la economía y la sociedad. Por esto, los gurús de la economía predicen que a lo largo del siglo XXI se implantará un nuevo modelo económico basado en la convergencia NBIC.

El desarrollo de la nanotecnología ya afecta a muchos sectores económicos, y la gran mayoría de los productos en marcha o ya comercializados se encuentran en los países con mayor inversión en I+D+i. Por ejemplo, la nanoelectrónica o la nanomedicina solo están desarrolladas en un puñado de países. Sin embargo, es importante mencionar que algunas de las nanotecnologías no tienen que ser exclusivas de los países más ricos y, en algunos casos, como ocurre con la fabricación de varios tipos de nanomateriales (nanopartículas, nanotubos, etc.), son totalmente accesibles a las economías menos desarrolladas porque los costes de fabricación en masa se han abaratado mucho. Quizás muchos de los desarrollos de la nanotecnología y las otras disciplinas convergentes puedan resolver algunos de los problemas que afectan a estos países (Salamanca-Buentello *et al.*, 2005): malnutrición de la población, escasa asistencia sanitaria, difícil acceso al agua potable y a energías renovables, contaminación atmosférica y de suelos, etc. Por ejemplo, en la India, Bangladesh, Colombia o Perú se han lanzado iniciativas para desarrollar sistemas basados en nanomateriales con los que tratar aguas subterráneas contaminadas con arsénico, potabilizar aguas contaminadas con compuestos orgánicos o eliminar el mercurio del lecho de muchos ríos contaminados por actividades mineras.

Parece, de esta manera, que la nanotecnología podría tener impacto en la consecución de algunos de los 17 objetivos que se ha marcado la Agenda 2030 para el Desarrollo Sostenible de las Naciones Unidas. Esta Agenda, aprobada en 2015, pretende poner fin a la pobreza, luchar contra la desigualdad y la injusticia, y hacer frente al cambio climático. Sabemos que una parte de la solución a este tipo de problemas está relacionada con la aplicación de diversas tecnologías, y es evidente que la nanotecnología va a tener un papel protagonista. Es necesario, sin embargo, desarrollar esquemas de cooperación que faciliten la transferencia de ciertas tecnologías que se desarrollan en los países más avanzados hacia aquellos que tienen menos capacidad para generar conocimiento. La implantación de estos esquemas es un problema de voluntad política y de visión de futuro, ya que la resolución de los problemas ahora pasa por tener una concepción global de los mismos.

CAPÍTULO 3

Luces y sombras, fascinación y miedo

Las dos caras de las tecnologías

Mucho se ha hablado del impacto social de la nanotecnología (Roco y Bainbridge, 2001; Delgado, 2008), casi siempre mostrando sus aspectos más positivos e innovadores, el "lado rosa" de esta disciplina. Sin embargo, cualquier tecnología tiene su "lado oscuro", que se revela a medida que las aplicaciones aparecen de forma masiva en los mercados. Las tecnologías tienen beneficios pero su uso genera problemas que deben resolverse, en ocasiones con medidas de control y prohibiciones, y a veces mediante el desarrollo de otras tecnologías. Los desarrollos tecnológicos, junto con la falta de medidas adecuadas para controlar y minimizar los riesgos derivados de los procesos que tienen lugar en factorías e industrias, han sido responsables de grandes catástrofes como la que ocurrió en Bhopal (India) en 1984, cuando una nube tóxica causó la muerte de 20.000 personas y afectó a otras 600.000. Accidentes nucleares, como los de Chernóbil o Fukushima, han provocado miles de víctimas, han afectado a cientos de miles de personas y han contaminado extensos territorios que serán irrecuperables durante décadas.

La lista de problemas que la tecnología ha traído puede completarse con la pérdida de biodiversidad que supone el uso de organismos modificados genéticamente, el ciberacoso que sufren algunas personas en las redes sociales, la pérdida de intimidad que supone internet, etc. Por no hablar de una de las tecnologías más letales: el automóvil. La Organización Mundial de la Salud (OMS) estima que cada año fallecen en el mundo 1,3 millones de personas en accidentes de tráfico, siendo la primera causa de fallecimiento entre los jóvenes de 15 a 29 años. Dicho organismo prevé que en el año 2030 la cifra crecerá hasta los 2,4 millones. Sin embargo, todos aquellos que tienen un vehículo asumen los peligros de esta tecnología porque presenta grandes beneficios y son conscientes de la existencia de una serie de medidas que intentan reducir los riesgos: carrocerías antiimpacto, múltiples sensores, cinturones de seguridad, airbags, calzadas en buenas condiciones y bien señalizadas, normas de tráfico, agentes de la ley que vigilan su cumplimiento, revisiones obligatorias en los vehículos, ayudas para comprar nuevos vehículos disminuyendo la edad del parque automovilístico, controles de alcohol y otras drogas, sistemas de cámaras y radares disuasorios en posiciones fijas o en vehículos, etc. En definitiva, la sociedad ha puesto en marcha todo un sistema de medidas para minimizar el daño que causa el uso de los más de 1.200 millones de automóviles que cada día circulan por el planeta.

Este largo ejemplo sirve para poner de manifiesto que las tecnologías se desarrollan porque tienen utilidad para conseguir algún fin concreto, pero que también conllevan peligro (entendido como una fuente o situación potencial de daño para personas o bienes). Por un lado, se hace un balance de su funcionalidad y utilidad y, por otro, se ponen en marcha medidas para minimizar el riesgo (definido como la combinación de la probabilidad y las consecuencias derivadas de la materialización de un suceso peligroso). Luego los usuarios y consumidores deciden, y los productos se incorporan en nuestras vidas o fracasan. En el caso de los vehículos, la percepción del beneficio parece que supera a la del riesgo y por ello tenemos las carreteras repletas de automóviles que nos proporcionan libertad en los desplazamientos.

Sin embargo, las tecnologías entrañan una serie de peligros que no parecen tenerse en cuenta pues no nos afectan de una forma tan directa. Si la combustión de un kilogramo de combustible produce aproximadamente dos kilogramos de CO_2, estímense las emisiones anuales de este gas a la atmósfera causadas por la gigantesca flota de vehículos, que ya hemos cuantificado. Estas emisiones empiezan a ponerse de manifiesto ante el preocupante cambio climático, lo que desemboca en nuevos avances y normativas: catalizadores que reducen las emisiones de contaminantes, motores de gasolina más eficientes, motores híbridos, el impulso del coche eléctrico, la prohibición paulatina del motor diésel, la reducción de los límites de velocidad en vías rápidas de las ciudades, etc.

La nanotecnología no va a ser una excepción y además de los innumerables beneficios tendrá una serie de peligros asociados, de los que vamos a hablar más adelante (Delgado, 2008; Anderson *et al.*, 2009; Cózar Escalante, 2011). Con la nanotecnología ha ocurrido un fenómeno curioso, ya que la lista de males que se le imputan ha crecido muchísimo, incluso antes de que comenzasen a comercializarse los primeros nanoproductos. En este capítulo vamos a empezar por esbozar los peligros de la nanotecnología, centrándonos en aquellos que causan titulares de periódico, aunque con un exceso de elucubración. El resto del libro se va a centrar en los otros peligros y riesgos más reales y cuya peligrosidad tanto para la salud como para el medioambiente tiene una acreditada base científica. En cualquier caso, es imprescindible abordar los riesgos, pues no hacerlo generaría una incertidumbre que puede entorpecer la llegada de la nanotecnología al mercado. Por ejemplo, a mediados de la pasada década las empresas aseguradoras declaraban que no era conveniente proporcionar cobertura a empresas del ramo de la nanotecnología dado que se desconocían los impactos que esta tendría a medio y largo plazo (Swiss Re, 2004; Lloyd's, 2007).

Riesgos sociales y económicos de la nanotecnología

'Nanodivisión' de la sociedad

Aunque se hable del espíritu aventurero de los seres humanos, por lo general los humanos son reacios a los cambios. La nanotecnología es fuente de cambios, es revolucionaria y pretende cambiar el modelo productivo en las empresas. Esto suscita preocupación ante una posible pérdida de puestos de trabajo. Es cierto que algunas tecnologías destruyen empleo en otras industrias, por lo general más tradicionales, pero en este último siglo hemos sido testigos de la creación de nuevos puestos de trabajo con perfiles diferentes gracias a las nuevas tecnologías. En la actualidad se estima que gran parte de las profesiones que estarán en auge dentro de 20 años no tienen programas de estudios formativos en nuestras universidades. No cabe duda, vivimos en una sociedad en progreso continuo que obliga a la formación permanente.

Seguramente solo unos pocos países están actualmente en condiciones de explotar las ventajas competitivas de la nanotecnología en los procesos de producción. El resultado previsible será un aumento de las diferencias económico-sociales entre los países ricos y los más pobres. Este crecimiento de la diferencia en países se denomina "nanodivisión" (del inglés *nanodivide*). Sin embargo, nos encontramos ante un problema más relacionado con la voluntad política que con la propia nanotecnología, ya que, como se ha descrito antes, esta disciplina puede facilitar el desarrollo más sostenible si los países pobres o en vías de desarrollo pueden acceder a estos conocimientos. También existe una preocupación por el posible aumento de la desigualdad, pues los costes de las nuevas nanotecnologías podrían ser únicamente asumibles por una elite económica. Este grupo social podría tener, por ejemplo, acceso a revolucionarios tratamientos basados en nanomedicina con los que lograr un mayor bienestar y longevidad.

Por lo tanto, las nanotecnologías son fuente de innegable beneficio social pero un uso mal orientado de las mismas servirá para que la brecha de la desigualdad socioeconómica aumente entre los países o dentro de una misma nación.

Seguridad y control frente a delincuencia y terrorismo

A medida que nos globalizamos, nuestros espacios íntimos han ido menguando y las redes sociales han favorecido aún más esa pérdida de intimidad. En aras de una mayor seguridad se ponen en marcha cámaras de vigilancia, sistemas de control presencial, identificadores de huellas dactilares y retinas, sensores de armas y explosivos, sistemas de control en internet, etc. La nanotecnología permite que puedan integrarse más sensores de diverso tipo en dispositivos cada vez más sofisticados de menor tamaño, lo que permitirá que estemos ubicados, identificados y monitorizados sin que nos demos cuenta.

¿Qué ocurrirá el día que se desarrollen drones casi imperceptibles, con sensores de presencia, cámaras, micrófonos, sistemas de transmisión de datos, etc.? En ese momento, mientras usted lee este libro podría estar siendo escrutado sin percatarse por un dispositivo con forma de mosquito o incluso más pequeño (quizás una mota de polvo). Basta buscar en internet las palabras "mosquito" y "dron" para encontrarnos con prototipos de minúsculos drones con formas de mosquito o de abeja desarrollados en universidades de Estados Unidos en colaboración con el Departamento de Defensa de ese país. Este tipo de herramientas podrán emplearse en el ámbito de la seguridad y la lucha contra el crimen, pero también puede hacerse un mal uso en la vigilancia y control de las personas. También se plantea que estos dispositivos puedan utilizarse como arma, portando sustancias tóxicas o explosivas que se administrarían de forma selectiva a las tropas adversarias. Evidentemente, esta relación de la nanotecnología con el desarrollo de nuevas formas de armamento o la mejora del ya existente es usada para denostar indiscriminadamente los nanoproductos, aportando una imagen negativa de la nanotecnología.

Además del uso de las nanotecnologías en aplicaciones relacionadas con la seguridad, la vigilancia y la defensa, es evidente que la delincuencia organizada o grupos terroristas pueden tener acceso a nuevos desarrollos, especialmente los menos costosos. Si es posible encapsular sustancias como el omega-3, podemos imaginar que también es factible encapsular moléculas de sustancias estupefacientes con otros objetivos, como evitar su detección por perros adiestrados o sensores, o para aumentar su absorción gracias a la liberación controlada en cierta parte del intestino. Aligerar los componentes de un dron y aumentar la capacidad de su batería gracias a nanomateriales permitiría a grupos terroristas lanzar a distancia ataques indiscriminados contra la población. Por lo tanto, este tema requiere un debate en el seno de la sociedad y una adecuada regulación que permita establecer el equilibrio entre seguridad y control.

La plaga gris y la plaga verde

W. N. Joy, más conocido como Bill Joy, es uno de los pioneros de la informática, cofundador de Sun Microsystems en 1983 y director del departamento de I+D+I de esa empresa. En el año 2000 publicó en la revista *Wired* el artículo "¿Por qué el futuro no nos necesita?" (Joy, 2000). En dicho artículo se afirma que la robótica, la ingeniería genética y la nanotecnología, a su juicio las tecnologías más poderosas del siglo XXI, amenazan la supervivencia de la especie humana. Estas tres tecnologías tienen la capacidad de generar robots, organismos artificiales o nanorobots con la capacidad de autorreplicarse, por lo que se perdería el control sobre estas entidades, convirtiéndose en auténticas máquinas de destrucción. Esta expansión descontrolada de los nanorobots es lo que se conoce como "plaga gris" (en inglés *grey goo*). Esta expresión aparece en el libro de K. E. Drexler *Engines of Creation. The Coming Era of Nanotechnology*. Es curioso que el artículo de Bill Joy se publicara en el momento en el que el gobierno de Estados Unidos puso en marcha la Iniciativa Nacional de Nanotecnología. Por cierto, por lo que sabemos, aún no se han desarrollado esos nanorobots y como mucho se han experimentado con nanopartículas con diferentes funcionalidades. Estamos aún lejos de tener en los laboratorios un "nano-Mazinger Z" o un "nano-Transformer" que se autorrepliquen y se dediquen a destruir todo lo que encuentre a su paso.

Por otro lado, es interesante pensar que la naturaleza, que siempre va por delante de nuestra imaginación, hace tiempo que ha creado verdaderas entidades autorreplicantes capaces de causar mucho daño: los virus. Inspirándose en estas entidades, hay quien propone que el uso conjunto de la nanotecnología y la biotecnología pueden dar lugar a sofisticadas biomáquinas autorreplicantes que nuevamente se escaparán al control de la humanidad convirtiéndose en la denominada "plaga verde" (en inglés *green goo*). Esta visión apocalíptica de la nanotecnología, tanto en su versión "plaga gris" como en la versión "plaga verde" ha sido fuente de inspiración de películas y novelas, en las que se muestra hordas de nanorobots intentando aniquilar a la humanidad. Novelas como *Presa* de W. Crichton (2003) o la película *Transcendence*, dirigida por W. Pfister y estrenada en 2014, son ejemplos de esta visión catastrófica de la nanotecnología.

Continuamente aparecen nuevas versiones del artículo de Bill Joy en la prensa, con noticias que nos recuerdan que la nanotecnología puede ser una de las causas del fin de la humanidad. En 2014, A. Sandberg, investigador de la Universidad de Oxford (Reino Unido), presentó la lista de cinco amenazas para la existencia de la humanidad, y nuevamente la nanotecnología y sus robots autorreplicantes aparecen en lugar destacado. En 2015, el Instituto para el Futuro de la Humanidad (FHI) de la Universidad de Oxford (Reino Unido) y la Fundación Retos Globales (Suecia) elaboraron un informe que recoge los 12 riesgos para la civilización humana y nuevamente la nanotecnología aparece en la lista, eso sí, con menos probabilidad de ser la responsable del holocausto en comparación con el cambio climático, la guerra nuclear, las grandes catástrofes ecológicas, las pandemias, el impacto de asteroides, etc. Estas noticias han tenido repercusión en las redes sociales distorsionando la percepción que el gran público tiene de esta disciplina emergente.

Como curiosidad relacionada con el tema de las máquinas ensambladoras y los nanorobots, hay que mencionar la agria y pública disputa mantenida entre 2001 y 2003 por K. E. Drexler y R. Smalley, este último uno de los galardonados con el Premio Nobel de Química de 2016 por el descubrimiento del C_{60}, sobre la posibilidad de crear ensambladores moleculares de una manera robotizada a base de la manipulación atómica y molecular. Esta hipótesis, defendida por Drexler, era rechazada por Smalley argumentando que las leyes físicas impedirían la creación de este tipo de ensambladores. No parece que haya habido un vencedor claro de la disputa, pero la mayor parte de los científicos parece decantarse por los argumentos de Smalley. Esto sirve para ilustrar que dentro de la comunidad científica se dan, de vez en cuando, animados debates sobre propuestas e ideas.

En la naturaleza la evolución de los seres vivos ha sucedido a lo largo de muchos años. Sin embargo, la especie humana está empezando a desarrollar una serie de herramientas que pueden incidir en una evolución dirigida por la propia especie humana, evitando que el proceso de cambio sea regido por el mero azar. Por otro lado, las tecnologías médicas pueden proporcionar medios para que las personas puedan extender su vida hasta los 120-140 años, según defienden los expertos (Blasco y Salomone, 2016). Es decir, las herramientas biotecnológicas y nanotecnológicas (nanobiotecnológicas) pueden ser utilizadas tanto para retrasar nuestra muerte como para orientar la evolución de las futuras generaciones. La existencia de nuevos tratamientos podrá impedir el desarrollo de enfermedades como el cáncer desde sus primeros estadios, los sensores y sistemas de control y seguimiento de parámetros biológicos serán de ayuda para la medicina preventiva, el crecimiento de tejidos y órganos junto con el diseño de sofisticados implantes artificiales permitirá el remplazo de órganos, etc. Todos son ejemplos de un futuro que no está tan lejos como se puede pensar.

Pero una cosa es hacer incidir sobre una persona concreta los beneficios de la tecnología y alargar, en buenas condiciones, su vida hasta los 140 años, y otra muy distinta es modificar el rumbo de la especie humana o de parte de la misma. No son pocos los que se han lanzado a vislumbrar un escenario en el que la evolución dirigida genera una nueva variante del ser humano, con mejores capacidades tanto físicas como cognitivas. Estamos hablando de la escuela del transhumanismo, que tiene al norteamericano R. Kurzweil como uno de sus máximos exponentes. Según Kurzweil, el ritmo exponencial del avance del conocimiento nos lleva inexorablemente a un momento (denominado "la singularidad") en el que el hombre y las máquinas creadas por él tendrán la capacidad de trascender los dictados de la biología. Igualmente provocadora es la propuesta del gerontólogo británico A. de Grey, quien propone la extensión de la vida a partir del conocimiento de los procesos que conducen al envejecimiento y del desarrollo de estrategias basadas en tecnologías ya existentes y otras que aún están por desarrollar. A. de Grey llegó a mantener que los avances tecnológicos están llegando a tal ritmo que es posible que las personas lleguen a vivir 1.000 años o que incluso alguna llegase a ser inmortal. Por si todo esto fuese poco, las posibilidades abiertas por la biología sintética, cuyo máximo exponente es J. Craig Venter, sirven para disparar nuestra imaginación.

No entramos en el debate sobre si es posible o no llegar a la inmortalidad, aunque dentro de la comunidad científica las ideas de Kurzweil y De Grey tienen tanto seguidores como detractores, pero sus puntos de vista abren interesantes controversias en las que, además de aspectos socioeconómicos y políticos, entran en escena aspectos éticos y religiosos. ¿Cómo afectarían estos avances, de darse, a las creencias religiosas? La Iglesia católica, al igual que otras confesiones religiosas, muestra una patente preocupación por todas estas cuestiones en las que las tecnologías invaden o perturban competencias propias de la religión, como ya manifestó el papa Benedicto XVI durante la celebración de las Jornadas Mundiales de la Juventud en el año 2011, advirtiendo de los abusos de una ciencia sin límites. Aunque, no toda la nanotecnología es mal vista por la Iglesia. Como anécdota, se puede mencionar que durante una visita del papa Benedicto XVI a Israel, Simón Peres, entonces presidente de este país, obsequió a su ilustre visitante una nanoBiblia: un chip que contenía toda la Biblia escrita con caracteres nanométricos.

Es interesante constatar que la preocupación por el impacto de la nanotecnología tiene una fuerte dependencia de la cultura religiosa. Un estudio publicado en la revista *Nature Nanotechnology* (Scheufele *et al.*, 2009), basado en diferentes encuestas de opinión realizadas fundamentalmente en Europa y Estados Unidos, mostró que existían actitudes más positivas hacia la nanotecnología en aquellos encuestados que se declaraban menos religiosos. Además, es interesante constatar que también se dan diferencias en la percepción de la nanotecnología entre las personas religiosas, como ocurre en el caso de europeos y norteamericanos, a pesar de tener las mismas raíces cristianas (Schummer, 2011). En Europa occidental la idea de un dios creador de todas las cosas y de los seres vivos está detrás de la crítica religiosa hacia toda tecnología capaz de dotar al hombre de ese poder de creador omnipotente. En Estados Unidos hay otro enfoque y las distintas versiones del cristianismo se centran más en el fin de los tiempos, y por eso la nanotecnología se vincula más a al final apocalíptico de la humanidad. En cualquier caso, el interesante debate, lleno de matices, de la interacción mutua entre tecnología y religión también se da en el caso de la nanotecnología; de estos debates surgen interesantes reflexiones que siempre nos enriquecen.

Del éxtasis a la frustración

Otra posible fuente de rechazo de la nanotecnología es la frustración ante las excesivas promesas realizadas en estos últimos años en relación con los fascinantes productos que iban a comercializarse. En algunos casos se han generado demasiadas expectativas tras haber realizado inversiones gigantes que se justificaban por una llegada masiva de los nanoproductos. Dicha oleada está ocurriendo a un ritmo quizás más lento del que hace 15 o 20 años se pronosticaba. Esta ralentización tienen diferentes causas: la crisis económica de la última década, la lenta implantación de técnicas que permitan la producción en masa de algunos nanomateriales, la incertidumbre legal en cuanto a regulación, etc. En cualquier caso, la llegada de la nanotecnología ha venido acompañada por un buen lanzamiento mediático que en ocasiones ha exagerado sus repercusiones a corto plazo (lo que en Estados Unidos se llama *nano-hype*). Se sabe, por lo general, que a una ola de exagerada publicidad sigue una resaca de escepticismo.

Además de las exageraciones publicitarias, hay que llamar la atención de la existencia de auténticos profesionales del timo que ofertan mediante anuncios en prensa curaciones milagrosas a través de la nanomedicina (junto con la "medicina cuántica") o mediante el uso de materiales extraordinarios hechos de "minerales derivados de los fullerenos". En estos casos, la palabra "nanotecnología" sirve para dotar de cierto halo científico a remedios o fármacos de composiciones inconfesables que pretenden curar enfermedades. Estos timadores tampoco generan una buena imagen de la nanotecnología.

Para finalizar, habría que añadir que los riesgos descritos anteriormente tienen una alta componente especulativa. Sin embargo, hay otros riesgos mucho más tangibles que deben tenerse en cuenta, como el impacto que pueden tener los nanomateriales sobre los seres vivos y el medioambiente, y la forma en la estamos expuestos a dichos nanomateriales, temas que comentaremos en las siguientes páginas del libro.

CAPÍTULO 4

Los riesgos de los nanomateriales para la salud y el medioambiente

Definición y clasificación de los nanomateriales

Un aspecto imprescindible para empezar a investigar los potenciales efectos para la salud humana y ambiental es saber qué entendemos por nanomaterial. En el capítulo 1 se hizo referencia a la nanociencia y a la nanotecnología como disciplinas interesadas en entender cómo funcionan nanoobjetos de dimensiones inferiores a los 100 nm y las propiedades que tienen cuando se encuentran aislados o cuando se integran en materiales y dispositivos de mayor tamaño. Podemos incluir en la familia de los nanomateriales todos los nanoobjetos aislados con tamaño típico entre 1 y 100 nm en algunas de sus tres dimensiones. Nos podemos encontrar con nanomateriales cuyas tres dimensiones tienen tamaño nanométrico, como las nanopartículas, otros con dos dimensiones con tamaño nanométrico, como los nanotubos de carbono, y otros con solo una dimensión con tamaño nanométrico, como ocurre en el caso del grafeno. Por otro lado, estos nanomateriales sencillos pueden combinarse entre sí para formar materiales nanoestructurados o sistemas de mayor tamaño, que también pueden englobarse en la categoría de nanomateriales. Esta variedad en los nanomateriales y su complejidad cuando se combinan entre sí ha hecho que existan varias definiciones propuestas por diferentes entidades. Tanto en las recomendaciones de la Comisión Europea de 2011 y actualizaciones posteriores (Comisión Europea, 2012), como en las proporcionadas por el Instituto Nacional de Seguridad e Higiene en el Trabajo de España (INSHT, 2015a) se definen los nanomateriales haciendo referencia a este límite de los 100 nm.

Por cierto, se debe indicar que el límite de los 100 nm es totalmente artificial. En general las clasificaciones sobre lo que son o no son los nanomateriales, incluidas las clasificaciones sanitarias basadas en indicadores analíticos, son acuerdos y consensos por expertos basados en probabilidades. Este límite es tan arbitrario como hablar de que más de 126 mg/dl de glucosa en sangre es el límite para diagnosticar la presencia de la diabetes, o decir que más de 220 mg/dl de colesterol total en sangre es la concentración a partir de la cual uno se debe preocupar en la Unión Europea (pero no en Estados Unidos, donde esa cifra crítica es de 200 mg/dl y por lo tanto parece que uno ha de preocuparse antes). Los anteriores ejemplos muestran límites "artificiales" pero representan puntos de partida consensuados para poder establecer algunas estrategias de actuación preventiva y sanitaria. Por otro lado, todos sabemos que esos límites van cambiando conforme avanza el conocimiento. Hace 30 o 40 años solo se consideraba que un paciente tenía hipercolesterolemia cuando la concentración de colesterol superaba los 250 o 260 mg/dl y los médicos prescribían tratamiento con fármacos únicamente cuando se sobrepasaban los 300 mg/dl. Los límites cambiaron cuando se demostró que con esos valores se formaban más placas de ateroma y trombos en los vasos sanguíneos que con valores menores y empezó el auge de las dietas y fármacos hipolipemiantes. Por lo tanto, tampoco debería extrañarnos si dentro de unos años se adopta otra definición más precisa de los nanomateriales, cuando se acumulen más conocimiento sobre su naturaleza.

Lo 'nano' también es diferente en el ámbito de la toxicidad: nano-eco-toxicidad

La toxicidad de los nanomateriales no sigue los planteamientos generales de la toxicología clásica, referida a las sustancias tóxicas de mayor tamaño, tanto sólidas como en fase líquida o gaseosa. Como se mencionó en el capítulo 1, se puede afirmar que a medida que se reduce el tamaño de una partícula, mayor es el porcentaje de átomos que esta tiene en su superficie. También se sabe que una gran superficie parece implicar un alto nivel de reactividad y que cuanto más reactiva es la sustancia, hay más probabilidad de que pueda llegar a ser tóxica. Por lo tanto, se puede pensar, en una primera aproximación, que las nanopartículas tienen más posibilidades de ser tóxicas. Ilustremos esto con un ejemplo. El TiO_2 se considera "no citótóxico" en la toxicología clásica (referida a los materiales que no entran en la categoría de nanomateriales), pero los estudios más recientes parecen indicar que el nano-TiO_2 posee una alta toxicidad pulmonar, comportándose como una sustancia citotóxica y carcinógena pulmonar en los estudios de experimentación animal (Comisión Europea, 2012). En el año 2016 la Agencia Internacional para la Investigación sobre el Cáncer (IARC, por sus siglas en inglés), perteneciente a la OMS, ha clasificado al nano-TiO_2 como posible carcinógeno para los seres humanos, basándose en los estudios de investigación con animales. Un informe más reciente (Gutiérrez Antezana *et al.*, 2016) sobre los efectos en la salud de los trabajadores expuestos al TiO_2, tanto en formato nanométrico como en formato no nanométrico, refleja que "las patologías encontradas con mayor frecuencia fueron las alteraciones respiratorias, seguidas de alteraciones cardiovasculares y alteraciones genéticas por exposición a nanopartículas de TiO_2". Sin embargo, en ese mismo trabajo no se realiza una asociación directa entre la exposición al TiO_2 y el desarrollo de cáncer pulmonar en humanos. Aun así, hay materiales como el nano-Fe_2O_3 que parece no tener efectos tóxicos y ser biocompatible, por lo que se utiliza profusamente en aplicaciones biomédicas.

Actualmente se desconocen los efectos para la salud y la toxicidad de muchos de los nanomateriales producidos en fábricas y laboratorios, pues la toxicología de los nanomateriales no sigue los razonamientos generales de los materiales tóxicos de mayor tamaño y no se pueden aplicar, por carecer de evidencia científica para ello, los principios conocidos de la toxicología clásica. En este punto se debe definir la nano-eco-toxicología como la rama científico-técnica asociada a la nanotecnología que pretende cuantificar el impacto negativo de los nanomateriales sintetizados por el hombre tanto para el ser humano como para el medioambiente en todas las fases de su ciclo de vida: síntesis, aplicación e integración en otros sistemas y dispositivos, uso y consumo, y, finalmente, su desecho o reciclado.

Parece evidente que lo "nano" puede ser diferente también en el ámbito de la toxicología. Sin embargo, no nos enfrentamos a un tema totalmente desconocido ya que estamos familiarizados con los efectos nocivos de las partículas ultrafinas (PU) para la salud humana y la de los seres vivos. Estas PU son originadas en procesos naturales (volcanes, incendios causados por descargas eléctricas) o son emitidas con carácter secundario por otros procesos de la actividad humana (combustión de vehículos diésel, humos de soldadura). Por lo general, se trata de nanopartículas altamente reactivas que, en muchos casos, cuando son poco solubles, pueden provocar una respuesta inflamatoria pulmonar mucho mayor que la causada por partículas más grandes de la misma composición, entre otros efectos patológicos.

En cuanto a los nanomateriales artificialmente creados por el hombre, varios estudios toxicológicos en experimentación animal indican que las propiedades químicas y físicas que influyen en la toxicidad de las PU pueden también ser pertinentes a la hora de entender los mecanismos que influyen en la respuesta toxicológica a dichos nanomateriales artificiales. Un gran número de esos estudios muestran cómo los nanomateriales de diseño podrían tener efecto similar las PU de origen natural, aunque estas últimas, al tener un origen más descontrolado, presentan mayor heterogeneidad y pueden formar aglomerados y agregados con mayor probabilidad que las de origen artificial, causando una disminución de su potencial poder tóxico pues el material aglomerado por lo general es menos reactivo que en formato nanométrico.

Los nanomateriales sintetizados en los laboratorios se diseñan para que posean unas propiedades específicas, que pueden dar lugar a efectos tóxicos también específicos. Mediante el control de las propiedades físico-químicas de las nanopartículas sintetizadas, propiedades de las que más adelante hablaremos con detalle, se puede controlar su nivel de toxicidad, tanto disminuyéndolo como potenciándolo. Además, no se deben olvidar las modificaciones de comportamiento tóxico debidas a los diferentes mecanismos de interferencia con la fisiología de las especies —humana y otros seres vivos— o con diversos ciclos físico-químicos medioambientales.

Los efectos potenciales para la salud causados tanto por las partículas ultrafinas de la contaminación ambiental como por los nanomateriales están condicionados por cuatro factores que vamos a describir en las siguientes secciones: 1) factores referentes a la exposición a los nanomateriales; 2) factores intrínsecos de tipo físico-químico de cada nanomaterial; 3) factores propios de los individuos expuestos, y 4) factores laborales.

Factores dependientes de la exposición a los nanomateriales

Es fundamental conocer las vías de penetración de los nanomateriales en el organismo humano. Estas vías son múltiples, siendo la principal la respiratoria, aunque en la nanoescala todo es singular y aparece un nuevo fenómeno, inquietante por desconocido, denominado "translocación" (del inglés *translocation*, y este del latín: *trans* —"más allá", "a otro lugar"— y *locatio* —colocación—) o capacidad de algunos de los nanomateriales de atravesar las barreras biológicas manteniendo su integridad, pudiendo llegar a distintos lugares del organismo a los que no podrían acceder las partículas de mayor tamaño. De estas vías hablaremos con más detalle en el próximo capítulo. Ahora nos centraremos en otros factores relacionados con la exposición como son la duración y la frecuencia de la exposición al nanomaterial. En la toxicología clásica, cuanto mayor es la duración y la frecuencia de la exposición al agente tóxico, mayor efecto tóxico produce. En la nano-eco-toxicología podría ocurrir lo mismo... o quizás no. Por ejemplo, mayores concentraciones de determinados nanomateriales en el ambiente pueden conducir a efectos contrarios a los esperados, ya que los nanomateriales pueden tender a aglomerarse y/o agregarse (como antes hemos mencionado para las PU), lo que puede disminuir su toxicidad relativa, siendo este comportamiento lo contrario de lo esperado en toxicología clásica.

Otro aspecto a tener en cuenta es la interacción de los nanomateriales con otros agentes, pues es bien conocido que el ser humano acumula en su organismo agentes nocivos procedentes del aire, el agua y los alimentos; también pueden entrar en el cuerpo humano y acumularse los procedentes del ámbito laboral (por no cumplir las medidas de protección laboral o bien porque, aun cumpliéndolas, existan personas especialmente susceptibles a su incorporación o a padecer efectos que no se producen en la gran mayoría de la población).

Ya conocemos diversas sustancias que se acumulan en nuestro organismo como, por ejemplo, los compuestos orgánicos persistentes, COP (o POPS por sus siglas en inglés *persistent organic pollutants*), el DDT (diclorodifeniltricloroetano) o los BPC (bifenilos policlorados). El DDT fue muy utilizado hace años en los insecticidas y los BPC se han empleado como refrigerantes y lubricantes en transformadores, condensadores y otros equipos eléctricos. Estos compuestos estables y persistentes, creados por el hombre, poseen un importante potencial tóxico para el medioambiente. Además, presentan un enorme potencial cancerígeno y como alterador endocrinológico para los seres vivos porque se acumulan durante muchos años en el medio y en los tejidos de los seres vivos, principalmente en el tejido graso. En la década de 1970 se prohibió su uso en países europeos y Estados Unidos, y tanto los BPC como el DDT han sido clasificados como probables carcinogénicos por la Agencia de Protección Ambiental (EPA) de Estados Unidos y la IARC. Otro ejemplo de sustancias tóxicas que se acumulan en el organismo humano son los metales pesados, como por ejemplo el mercurio procedente de la ingesta de algunos pescados, entre otras fuentes.

Parece lícito preguntarse si los COP o los metales pesados que ya sabemos que se acumulan en nuestros cuerpos interactuarán con los nanomateriales en caso de que estos también se acumulen en los mismos tejidos. ¿Qué efectos aparecerán si esta interacción tiene lugar dentro de nuestro organismo o en el de otros seres vivos? ¿Se potenciarán los efectos tóxicos de cada uno de ellos o quizás ocurra todo lo contrario? Son preguntas interesantes porque pueden orientar estudios médicos de epidemiología humana para avanzar en el conocimiento de la nano-eco-toxicología y, de paso, también en el de la toxicología clásica, pues son escasos los estudios epidemiológicos poblacionales sobre estos asuntos tan complejos y sutiles.

Cada vez más trabajadores manipulan diversos tipos de nanopartículas y de nanomateriales en su ámbito laboral y, en el campo extralaboral, cada vez hay más usuarios de los numerosos servicios y productos de consumo que los incorporan. Nos gustaría destacar que la exposición laboral a los nanomateriales puede minimizarse o evitarse mediante el uso de las medidas de protección colectiva e individual del personal expuesto a los mismos. Estas medidas son un elemento clave según nos dice la Ley de Prevención de Riesgos Laborales 31/1995 con las que los trabajadores deberíamos estar familiarizados. Esto es esencial en trabajos con nanomateriales, dado que los peligros reales aún no están plenamente caracterizados. Los equipos de protección individual (más conocidos como EPI), como guantes, gafas, ropa de trabajo, etc., deberán utilizarse cuando los riesgos no se puedan evitar o limitar por medios técnicos de protección colectiva o mediante medidas organizativas. Ya hay diversos estudios que demuestran los problemas que surgen cuando no se implantan las oportunas medidas preventivas en su fabricación. Por citar un ejemplo, recientemente se ha reexaminado (Phillips *et al.*, 2010) un caso ocurrido en 1994, relacionado con el fallecimiento (por enfermedad severa respiratoria y renal) de un trabajador que utilizó, de manera intensiva, durante dos semanas esprays de arco metálico de níquel sin medidas de seguridad. Posteriormente enfermó de gravedad y falleció. La autopsia reveló que en sus pulmones se encontraron grandes cantidades de nanopartículas de níquel de tamaño inferior a 25 nm, siendo esta inusual acumulación responsable de la enfermedad y el fallecimiento. Evidentemente este triste suceso tiene una moraleja: esta exposición y los posteriores daños se hubiesen evitado utilizando los adecuados equipos de protección respiratoria. Más adelante, en el capítulo 6, volveremos a profundizar en el importante tema de la protección colectiva y los EPI.

Factores dependientes de las características físico-químicas de los nanomateriales

Además de los factores relacionados con la exposición, las propiedades toxicológicas de los nanomateriales dependen, evidentemente, de sus características físico-químicas. Desafortunadamente, el número de parámetros físico-químicos que hay que tener en cuenta para caracterizar un nanomaterial es considerable: composición química, tipo de material, tamaño, forma, distribución granulométrica, carga superficial, estructura superficial, área efectiva superficial y reactividad. Por si estos fuesen pocos, hay que tener en cuenta el denominado "potencial zeta" (característico potencial electrostático que aparece entre una nanopartícula y el fluido que la rodea), la presencia de recubrimientos y grupos funcionales (químicos, físicos, biológicos o combinaciones de estos) y el potencial del nanomaterial para generar radicales libre de gran capacidad oxidante (conocidas como ROS, por sus siglas en inglés de *reactive oxidative species*). Por último, nos podemos encontrar con otros factores propios de los sistemas que poseen varias capas, como ocurre en el caso de los fullerenos o los nanotubos de carbono, que pueden tener una o más capas. Como ilustración de este último factor se debe mencionar que la citotoxicidad de los nanotubos de carbono de pared sencilla es superior a la de los de pared múltiple, indicando la importancia de esta estructura en forma de capas.

En la mayoría de los estudios se asume que la nano-ecotoxicidad es probablemente mayor para los nanomateriales de forma tubular o alargada, seguida de los de forma irregular, y siendo menor para los de forma esférica (INSHT, 2015a). Por ejemplo, la nanofibra de TiO_2 es más tóxica que la nanoesfera de la misma sustancia. Otros factores a tener en cuenta son: su capacidad de deposición pulmonar, su carácter hidrofóbico o hidrofílico, su capacidad de atravesar membranas biológicas, su biopersistencia, la solubilidad, su porosidad, las rutas que puede seguir tras su incorporación al organismo, si poseen o no capacidad de translocación, su grado de tendencia a la aglomeración (agrupación con unión por fuerzas débiles de tipo Van der Waals) o a la conglomeración (unión por enlaces mucho más fuertes). Pero los parámetros a tener en cuenta no acaban aquí, ya que otros de importancia son la fuente del material y el tipo de proceso empleado para su síntesis.

Todos los factores que hemos mencionados, y son muchos, influyen en la farmacocinética y farmacodinámica de los nanomateriales y consecuentemente en sus potenciales efectos sobre los organismos vivos, específicamente en los humanos. Ahora ya podemos hacernos una idea de lo dificultoso que es realizar estudios toxicológicos en los que se controlen todas estas variables para determinar los efectos que producen en tejidos in vitro o en animales de experimentación.

Desde el punto de vista de riesgos laborales y extralaborales, los nanomateriales de mayor interés para su estudio nanotoxicológico, con el fin de confirmar o descartar sus potenciales efectos para la salud en humanos, son las nanopartículas insolubles o poco solubles y las nanofibras (nanohilos, nanotubos y nanovarillas). Las nanopartículas que puedan disolverse en fluidos biológicos, con velocidad variable dependiendo de su composición química, al disolverse ya no poseerán su estructura de nanomaterial y se deberían comportar conforme a la toxicología clásica, como los contaminantes de escala no nanométrica con efectos sistémicos, en su caso.

Hasta el momento actual, no se dispone de datos toxicológicos sobre los potenciales efectos en trabajadores expuestos ni en usuarios de los productos finales de nanomateriales de diseño, aunque sí se han publicado estudios, aún muy escasos, sobre efectos agudos y subagudos postexposiciones accidentales o incidentales a determinados nanomateriales. Se conocen las vías de entrada al organismo, pero, tras la penetración en el mismo, hay gran desconocimiento sobre los procesos de absorción, distribución, metabolización, translocación, almacenamiento y eliminación que pueden tener lugar en él.

Factores dependientes del individuo expuesto a los nanomateriales

Ya hemos visto que existen factores dependientes de la exposición y del propio nanomaterial, pero los potenciales efectos para la salud de un agente (tóxico o nanotóxico) van a depender también de la susceptibilidad de cada individuo, en la que además pueden influir factores como edad, sexo, estado de gestación o lactancia, antecedentes personales y familiares patológicos, estado de salud actual —si padece o no enfermedades crónicas debilitantes del sistema inmunitario, por ejemplo, tratamientos farmacológicos actuales o habituales, etc.—. También, la obesidad (que se puede estimar por el cálculo del índice de masa corporal, IMC, entre otros) puede influir en el depósito del nanomaterial, ya que una nanopartícula liposoluble se podría almacenar de forma importante en un órgano diana o no dependiendo de la presencia de mayor o menor tejido graso en el mismo.

Otro factor a considerar es la ruta seguida por el nanomaterial en el organismo humano o animal, una vez que se ha introducido en el mismo. La ruta podría variar dependiendo de las características fisiopatogénicas del mismo, del ya mencionado IMC, de la vascularización, de la función renal y hepática, de los sistemas inmunológico y endocrinológico, etc. Claro que no debemos olvidar que la existencia de otros hábitos poco saludables o la exposición a otros productos tóxicos pueden potenciar, inducir o interactuar con los efectos tóxicos de los nanomateriales incorporados a nuestro organismo. En estos hábitos poco saludables se incluyen el tabaquismo activo o pasivo, el consumo de alcohol y otras drogas, la automedicación, el uso de pesticidas en jardinería doméstica sin protección, el uso de disolventes u otros productos químicos en laboratorios o en tareas de bricolaje, etc.

Factores laborales y usuario final

De modo similar a lo que sucede con todas las nuevas tecnologías, lo más probable es que la exposición "más temprana y extensa" a los potenciales riesgos tienda a suceder en los puestos de trabajo (NIOSH, 2012). Cuando nos centramos en los riesgos de los nanomateriales en un ámbito laboral, además de las características físico-químicas, de los efectos de la exposición y de los factores individuales, también se deben tener en cuenta otros de índole laboral como el tipo de trabajo, las tareas y los procedimientos empleados para su realización, la frecuencia de dichas tareas y las medidas de protección. También añadimos a esta lista los antecedentes laborales (condiciones en puestos de trabajo anteriores) o cuestiones como si el puesto de trabajo conlleva o no actividad física. Por ejemplo, no es lo mismo un puesto que implique una actividad física o un puesto con sedentarismo, porque varía las frecuencias cardiaca y respiratoria, la fracción respirable (es la fracción másica de las partículas inhaladas que penetra en las vías respiratorias no ciliadas, es decir, en el pulmón), etc.

Pero, por otro lado, usted podría ser un usuario de nanoproductos y se estará preguntando ahora si estos podrían tener algún efecto no deseado sobre su salud. La realidad es que el objetivo último de todo proceso de síntesis y producción laboral de nanomateriales es conseguir el máximo beneficio sobre el usuario (por ejemplo, los nuevos tratamientos con nanofármacos para enfermedades hasta ahora incurables, como algunas enfermedades raras o determinados cánceres), evitando o reduciendo al mínimo posible los efectos adversos sobre este; exactamente igual que ha ocurrido cada vez que la ciencia y la medicina han avanzado por nuevos caminos para intentar mejorar algún aspecto en la salud humana. No obstante, es cierto que actualmente también se trabaja de forma permanente en la prevención primaria para evitar riesgos o minimizarlos en los usuarios finales (y en el medioambiente), dado que se dispone de escasa información al respecto. Por ejemplo, en España, en la X Conferencia Anual de las Plataformas Tecnológicas de Investigación Biomédica: Medicamentos Innovadores, Nanomedicina, Tecnología Sanitaria y Mercados Biotecnológicos se ha propuesto que las Asociaciones de Pacientes participen activamente en las plataformas descritas a fin de que puedan aportar datos que van a ser del más alto valor para la toma de decisiones óptimas en nanodiagnósticos y nanotratamientos.

Además de los grandes beneficios socioeconómicos de la nanotecnología, parece claro que hay que tener en cuenta sus nuevos riesgos emergentes, que deben ser estudiados, evaluados y controlados adecuadamente para garantizar la seguridad y salud de los trabajadores y usuarios. Dichos estudios y controles requieren la inversión de recursos y una adecuada planificación, situaciones que comienzan a darse en la mayoría de los países desarrollados. Merece la pena destacar que en los últimos años, como consecuencia de la crisis económica, en España se han producido recortes presupuestarios en asuntos esenciales, y la prevención está siendo uno de los aspectos más afectados. Ni que decir tiene que esto es un gravísimo error pues parece que aún no se ha comprendido que la inversión en prevención en realidad significa un considerable ahorro de dinero.

¿Cómo nos podrían causar daño los nanomateriales?

A estas alturas ya sabemos que es posible que algunos nanomateriales puedan causar ciertos daños. No nos deberíamos asustar al saberlo ya que es justo este conocimiento el que nos permitirá prevenir la parte negativa de sus efectos. Para parte de la población, los efectos tóxicos de los nanomateriales, interesantes desde el punto de vista médico y de salud humana, se han convertido en una "galería de los horrores" mientras que no se presta tanta atención a los riesgos de la nanotecnología que hemos presentado en el capítulo anterior. Sin duda, esto se debe a la importancia que todos damos a nuestra propia salud y, más recientemente, a la de nuestro medioambiente. Sin embargo, hay que ser proactivos y optimistas pues el riesgo toxicológico puede ser controlado y minimizado e, incluso, ¿por qué no? ser eliminado. Con el fin de conocer mejor a qué problemática nos enfrentamos vamos a realizar un recorrido por algunos de los problemas que los nanomateriales podrían causar en nuestra salud.

Efectos sobre el aparato respiratorio en ámbito laboral

Anteriormente hemos citado los efectos mortales para un trabajador sobreexpuesto a nanopartículas de níquel, siendo este caso un ejemplo de efecto agudo causado fundamentalmente en los pulmones. Un aspecto importante a tener en cuenta es que exposiciones a dosis de nanomateriales elevadas durante poco tiempo pueden dar lugar a efectos agudos y, en otros casos, una exposición leve durante periodos largos de tiempo puede producir efectos crónicos que en cualquier momento podrían dar lugar a dolencias de mayor gravedad.

El incremento de la producción de nanomateriales en estos últimos años ya ha originado la aparición de patologías en la población trabajadora según recoge una revisión de la literatura científica (Veiga-Álvarez *et al.*, 2015) desarrollada por el Instituto de Salud Carlos III, la Escuela Nacional de Medicina del Trabajo, la Universidad Complutense de Madrid y el Centro de Investigación Cooperativa nanoGUNE de San Sebastián. En esta revisión, que recoge datos del periodo 2011 a 2015, se muestra la aparición de patologías, frecuentemente pulmonares, que se asocian a la exposición a algunas nanopartículas. En este trabajo se destaca que "el principal mecanismo involucrado en la aparición de las patologías está relacionado con la producción de radicales libres e interferencia de las nanopartículas con el metabolismo celular".

Aunque hay decenas de estudios sobre el impacto de los nanomateriales en el aparato respiratorio (muchos de ellos en animales o en tejidos cultivados en vitro), son pocos los casos documentados de los efectos en personas. Un ejemplo lo encontramos en China, país en el que se realizó un estudio de los efectos de salud en un colectivo laboral (Song, 2009). En este estudio se muestra que de un total de ocho trabajadores de una fábrica de pinturas, siete mujeres y un varón, la totalidad de las trabajadoras sufrieron una intoxicación por inhalación de nanopartículas de sílice y nanosilicatos. Su trabajo consistía en preparar, mediante calentamiento, una mezcla de pasta de polvo de marfil blanco y éster poliacrílico en un espacio confinado sin ventilación de unos 70 m^2, sin protección colectiva ni equipos de protección individual. Los síntomas comenzaron tras un periodo variable de exposición (5-18 meses), iniciándose con una erupción cutánea pruriginosa en la cara y en extremidades superiores. Varios meses después, las siete mujeres afectadas padecieron una grave enfermedad respiratoria con disnea (dificultad respiratoria), severo derrame pleural, fibrosis pulmonar y granulomas pleurales de cuerpo extraño. En las siete trabajadoras se detectaron plaquetas bajas en sangre, adenopatías linfáticas, patología hepática, renal, cardiaca (derrame pericárdico) y fundamentalmente pulmonar. Dos de ellas fallecieron a los 18 meses del inicio del cuadro de síntomas. La observación posterior de los tejidos pulmonares (exudados pleurales, líquido del derrame pleural, determinadas células pulmonares...) mediante microscopía TEM demostró la existencia en los mismos de nanopartículas de sílice y/o nanosilicatos de unos 30 nm de diámetro. Todo indicaba que las nanopartículas inhaladas habían penetrado en los alveolos pulmonares y desde ahí al torrente circulatorio sanguíneo y, por lo tanto, a los demás órganos dianas. ¿Por qué el varón no se vio afectado? Al parecer se trataba de un trabajador temporal que permaneció expuesto menos tiempo —unos tres meses—, aunque no se sabe si otros factores individuales jugaron algún papel. Nuevamente debemos hacer énfasis en que las graves enfermedades producidas por las nanopartículas tuvieron en este caso una relación directa con la falta de equipos de protección colectiva e individual y la inadecuada organización de las tareas.

No solo las nanopartículas están en el punto de mira de muchas investigaciones toxicológicas. Los nanotubos de carbono (tanto los de una sola capa como los multicapa) quizás sean los nanomateriales más estudiados desde el punto de vista toxicológico. En numerosos estudios de experimentación animal, este tipo de acumulación da lugar a inflamación pulmonar, fibrosis pulmonar, granulomas y citotoxicidad pulmonar. Estudios recientes realizados en macrófagos comparando nanotubos de carbono de pared sencilla con los de multicapa y con los fullerenos, que tienen forma esférica, se ha establecido la siguiente escala de nanotoxicidad: los nanotubos de pared sencilla son más tóxicos que los de pared múltiple y estos, a su vez, son más tóxicos que los fullerenos (INSHT, 2015b). Al parecer, algunas variedades de nanotubos de carbono se acumulan en los pulmones y tienen una biopersistencia y comportamiento similar a las fibras de amianto. Recordemos que este material, en todas sus formas, ha sido clasificado como cancerígeno de primer grado por la IARC, por la Unión

Europea y sus países miembros, incluida España, por haberse demostrado relación causa-efecto con el cáncer de pulmón y pleura (mesotelioma) en el ser humano, y por tener un periodo de latencia de hasta 20, 30 o más años. En la actualidad, la producción de los nanotubos de carbono de distintos tipos crece de forma exponencial por lo que se debe prestar atención a este tema. Es cierto que no todos los tipos de nanotubos van a provocar efectos negativos, pero si se confirmase su potencial cancerígeno en un pequeño porcentaje de esos tipos, el problema de salud —laboral y/o pública— sería enorme.

Un curioso ejemplo de los efectos de los nanotubos de carbono está relacionado con los atentados del 11 de septiembre de 2001 en las Torres Gemelas de Nueva York. En un reciente estudio (Wu *et al.*, 2010) se ha documentado que muchas de las personas que participaron en los rescates de supervivientes a los atentados se expusieron de forma masiva a la inhalación de los humos y gases de nubes contaminantes, padeciendo posteriormente síntomas respiratorios como tos persistente, asma, laringitis, sinusitis y patologías pulmonares. En algunos casos estas patologías llegaron a ser muy severas (enfermedad pulmonar intersticial, neumonía eosinofílica aguda, neumonitis granulomatosa, bronquiolitis obliterante, sarcoidosis, etc.). Se realizaron biopsias pulmonares en siete de estos enfermos con insuficiencia respiratoria grave, y se objetivó en cuatro de ellos, como denominador común, la presencia de nanotubos de carbono que eran idénticos a los encontrados en las muestras de polvo del lugar del derrumbamiento. Estos estudios se han realizado sobre un colectivo que sufrió unas condiciones inesperadas y extremas y quizás su caso es muy diferente de lo que se espera encontrar en un centro de producción, pero nos pone de frente a nuevas realidades que tenemos que explorar con todo el arsenal de ideas y técnicas que la ciencia nos brinda.

Efectos sobre la piel, el aparato digestivo y el sistema circulatorio

Se ha encontrado que ciertos nanomateriales pueden penetrar a través de los folículos pilosos, donde los constituyentes de los nanomateriales pueden disolverse en la capa hidrolipídica cutánea y penetrar a través de la piel, o bien penetrarla como partículas insolubles. En alguno de estos casos se habla de los potenciales efectos sensibilizantes o inmunoalérgicos de los nanomateriales. En teoría, todas las moléculas podrían actuar en una persona que posea cierta susceptibilidad individual, desde el punto de vista inmunoalérgico, por contacto cutáneo (y/o vía respiratoria). Hoy en día las técnicas específicas de alergología (Prick-Test cutáneos, RAST en sangre, etc.) solo son capaces de diagnosticar e identificar una ínfima parte de los posibles alérgenos que desencadenan las enfermedades alérgicas-inmunoalérgicas y/o autoinmunes. Por lo tanto, el problema del origen de las alergias es colosal incluso sin incluir el tema de los nanomateriales, pero ¿y si los tenemos en cuenta? Entonces el problema pasa de colosal a ser ciertamente inabarcable. En realidad se desconoce casi todo, pues son muy escasos los estudios disponibles en experimentación animal, aunque ya se ha descrito algún caso clínico (Toyama, 2008) de dermatitis de contacto alérgica en un trabajador de un laboratorio de investigación científica expuesto a nanomateriales de tipo dendrímeros (del griego *dendron* —árbol—, por su estructura tridimensional ramificada), cuyos síntomas reaparecían con la reincorporación al puesto en el laboratorio. Por cierto, es importante no confundir una alergia (sensibilización alérgica) con el síndrome de sensibilidad química múltiple, mal llamado SQM porque no se trata de una alergia —aunque puede coexistir con ella— y la terminología confunde mucho.

Los factores a tener en cuenta tanto en la capacidad de penetración vía dérmica como en su potencial de lesión o afectación dérmica son la zona corporal afectada, las condiciones de la piel expuesta y las características físico-químicas de los nanomateriales. Algunos estudios han demostrado que las nanopartículas menores o iguales a 40 nm pueden atravesar el estrato córneo en una piel íntegra. Además, se sabe que las nanopartículas esféricas tienen mayor capacidad de penetración que las que presentan formas alargadas (Gautam *et al.*, 2011; INSHT, 2015a). Son muy pocos aún los estudios in vivo o in vitro (sobre piel humana y porcina) que han investigado la penetración cutánea de las nanopartículas.

En cuanto a la penetración a través del aparato digestivo, debemos recordar que el tracto digestivo consta anatómicamente de boca, esófago, estómago, páncreas, hígado, bazo, intestino delgado e intestino grueso. Todos estos órganos son los encargados de transformar los alimentos, en el proceso que conocemos como digestión, para que puedan ser absorbidos y utilizados por las células del organismo. Las malas prácticas higiénicas durante el manejo de nanomateriales a través de su ingesta accidental y/o la deglución de las nanopartículas retenidas en las vías altas de sistema respiratorio favorecerán su paso al tracto digestivo. También hay que tener en cuenta la posible ingesta de nanopartículas liberadas desde envases alimentarios, cosméticos, etc.

Dentro del sistema digestivo, el hígado es un órgano fundamental en la metabolización de agentes químicos-tóxicos con tamaños superiores a los típicos de la nanoescala. Algunos estudios de experimentación animal han descrito que ciertos nanomateriales pueden inducir alteraciones hepáticas. En el hígado actúan los macrófagos (también denominados "células de Kuppfer") que fagocitan partículas nocivas del sistema circulatorio, pero no se sabe si algunos nanomateriales podrían acumularse en el hígado por esta vía. Por ejemplo, se sabe que los macrófagos saben eliminar aquellos nanotubos de carbono de pequeño tamaño, pero no parecen saber qué hacer cuando se enfrentan a la tarea de eliminar nanotubos de gran longitud.

Se desconoce casi todo sobre los efectos de los nanomateriales de diseño sobre la función hepática, sobre todo a largo plazo. Se ha demostrado que los hepatocitos de rata tratados con diversas nanopartículas o partículas ultrafinas sufren estrés oxidativo e inducen lesiones hepáticas, como la alteración de la síntesis de los factores de la coagulación (que podrían contribuir a trombosis sistémica del sistema circulatorio sanguíneo) y/o la inflamación por mediadores inflamatorios como el factor de necrosis tumoral (TNF). Este factor, TNF, es una proteína elaborada por los glóbulos blancos en respuesta a un antígeno, sustancia que hace que el sistema inmunitario produzca una respuesta inmunitaria específica ante una infección o ante la entrada de un agente que el organismo detecta como "extraño". Dicho de manera más sencilla y contundente, parece que la presencia de ciertas nanopartículas en el hígado podría producir una hepatitis.

Fijándonos ahora en el riñón, recordaremos que se trata de un órgano esencial para la eliminación de los agentes tóxicos con un tamaño superior a la escala nanométrica. Esta eliminación se realiza mediante filtración plasmática (previamente la mayoría de dichos agentes habrán sufrido procesos de metabolización hepática para transformarlos en hidrosolubles y así eliminarse por el sistema renal). Estudios con ciertos tipos de nanotubos de carbono demuestran que, tras su paso al torrente circulatorio sanguíneo, pueden filtrarse en los riñones y excretarse. La posible acumulación de nanotubos de carbono en el riñón, de ocurrir, podría estar condicionada por su potencial zeta, dada la importancia de la carga eléctrica en la filtración glomerular (esta es la cantidad de sangre que pasa a través de los glomérulos renales que filtran los residuos de la sangre). En cuanto a los efectos de las nanopartículas sobre el riñón, sencillamente debemos decir que se desconocen, pues no disponemos de estudios sobre la potencial excreción urinaria, acumulación renal y/o toxicidad sobre el riñón humano. Los estudios realizados en animales de experimentación son de corta duración como para llegar a ser concluyentes, aunque se han encontrado algunas evidencias de acumulación de nanopartículas. Por ejemplo, se ha descrito la acumulación de nanopartículas de plata en un estudio de 28 días de evolución en riñones de ratas.

En relación con el efecto de los nanomateriales sobre el sistema circulatorio, se ha encontrado relación estadísticamente significativa entre la contaminación ambiental por partículas ultrafinas y la cardiopatía isquémica, arritmias e insuficiencias cardiacas. Determinadas nanopartículas (tanto de diseño como las secundarias a la combustión o contaminación ambiental) son susceptibles de alterar el aparato cardiovascular, incrementando la morbilidad y mortalidad. Algunas nanopartículas —por ejemplo, las de dióxido de silicio— pueden producir activación de plaquetas en la sangre, formación de placas ateroescleróticas y trombosis. Estos efectos se han atribuido tanto a la penetración de aquellas en el torrente circulatorio sanguíneo y/o a la inducción de inflamación-estrés oxidativo del lugar donde hipotéticamente se hayan podido depositar, así como a que puedan estimular la agregación plaquetaria o porque alteran el endotelio vascular favoreciendo la inestabilidad de la placa ateroesclerótica y la formación de trombos. Existe aún gran desconocimiento sobre los mecanismos de toxicidad de las nanopartículas de diseño en el corazón y circulación sanguínea.

¿Los nanomateriales provocan alteraciones en gestación, lactancia y desarrollo infantil?

Algunos estudios (Celà, 2014) describen efectos de toxicidad embrionaria, teratógenos, en modelos animales expuestos a determinadas nanopartículas; no obstante, las cantidades empleadas en los ensayos pueden exceder con mucho las que podrían darse en la realidad en humanos. Se ha descrito la posibilidad de que nanopartículas de sílice (SiO_2) de diámetro inferior a los 70 nm o nanopartículas de TiO_2 menores o iguales a 35 nm puedan atravesar la barrera placentaria en mujeres gestantes llegando a causar daños en la placenta y el feto o embrión. Dependiendo de las características físico-químicas de los nanomateriales (liposolubilidad, etc.) estos podrían pasar a la leche materna, desconociéndose los efectos que, en su caso, podrían producir en el lactante. La posibilidad de que las nanopartículas puedan desplazarse fácilmente por su ínfimo tamaño desde su lugar de entrada a cualquier órgano plantea la posibilidad de que se puedan afectar tejidos en desarrollo en el niño y el adolescente. No obstante, en estos momentos se desconoce casi todo al respecto y se abren interesantísimos campos de investigación por delante para poder entender toda esta fenomenología tanto por su interés básico como por su impacto en prevención y normativa.

Los nanomateriales, ¿nuevos disruptores endocrinos?

La salud humana depende del funcionamiento correcto del sistema endocrino, que regula la liberación de hormonas fundamentales para funciones vitales como el metabolismo, la capacidad reproductiva, el crecimiento y desarrollo, el sueño o el estado de ánimo. Los disruptores endocrinos, o perturbadores hormonales, son compuestos químicos capaces de simular el comportamiento de las hormonas y provocar disfunciones o enfermedades en el sistema hormonal endocrinológico del ser humano y de otros animales; por ejemplo, trastornos de tiroides, de la fertilidad o reproducción, del comportamiento, y ciertos tipos de cáncer, etc., pues los efectos varían dependiendo no solo del sistema hormonal al que afecten, sino también de sexo y etapa en la que incidan (embrión, feto, infancia, adolescencia, madurez, vejez, etc.). Algunos de ellos se han detectado en productos de consumo habitual como plásticos de las botellas de agua envasada y de los recipientes de plástico que usamos para conservar la comida, pero también aparecen en ollas y sartenes, pesticidas, perfumes, cremas cosméticas, dispositivos electrónicos, etc.

A principios de 2013 se publicó en Ginebra un informe del Programa de las Naciones Unidas para el Medio Ambiente (PNUMA) y la OMS del estado de los conocimientos científicos sobre las sustancias químicas que perturban la función endocrina (OMS, 2012). Alrededor de unos 800 compuestos químicos —en la escala no nano— son sospechosos de alterar el sistema endocrinológico humano, pero esa cifra se considera solo la "punta del iceberg" de los perturbadores endocrinos (PE). En dicho informe se insiste en que muchas sustancias químicas sintéticas, cuyos efectos sobre el sistema hormonal todavía están por investigar, podrían tener importantes repercusiones en la salud humana y en el resto de seres vivos. El informe solicita que se siga investigando para entender plenamente las relaciones entre esos PE y determinadas enfermedades y trastornos con el fin de reducir el riesgo de enfermedad y generar ahorros considerables para los sistemas sanitarios. La *Guía sobre Límites de Exposición Profesional para Agentes Químicos en España* (INSHT, 2016), que publica y actualiza anualmente el Instituto Nacional de Seguridad e Higiene en el Trabajo, también clasifica con la anotación "ae" (de "alterador endocrino") aquellos agentes químicos reconocidos como disruptores endocrinos.

Recordando lo que hemos ido comentando en capítulos previos, es lógico pensar también en la hipótesis de que los nanomateriales, al menos algunos de ellos, puedan ser potenciales perturbadores o alteradores endocrinos, pero no se disponen de estudios al respecto. Para que un nanomaterial pudiera ser considerados como disruptor endocrino debería cumplir tres características, según la OMS: una función hormonal, un efecto adverso y una relación de causalidad entre ambos. Aunque no se conoce el efecto de los nanomateriales sobre el sistema endocrino, un último informe de la OMS (OMS, 2016) parece corroborar que se trata de un nuevo riesgo emergente para la salud pública y ambiental e insiste en que los estudios e investigaciones deben continuar.

Efectos agudos frente a efectos crónicos

Hasta ahora varios de los efectos negativos de los nanomateriales que hemos mostrado por los nanomateriales corresponden, por lo general, a efectos agudos causados por exposiciones intensas en cortos periodo de tiempos. Sin embargo, en estos momentos se desconocen los efectos a largo plazo en los seres vivos y en el ambiente de las nanopartículas y nanomateriales diseñados. En la toxicología convencional (escala no nanométrica) se han identificado múltiples agentes con potencial cancerígeno, mutágeno y alteradores endocrinológicos. En los tres casos, se pueden originar efectos "no dependientes de dosis", también denominados "efectos estocásticos". Esto quiere decir que, aunque se hayan definido unos valores límite ambientales (VLA) y biológicos (VLB —indicadores analíticos biológicos que pueden ser estudiados de forma específica, por ejemplo, en muestras de sangre o de orina—), puede ocurrir que a pesar de que no se superen los límites legales permitidos, causen efectos nocivos en personas con susceptibilidad individual a dosis muy por debajo de los valores límite. Por esta razón, en los tres tipos de agentes mencionados (con periodos de latencia que pueden ser de muchos años), cuanto más bajo sea el nivel de exposición, mejor. No se puede descartar que este tipo de efectos estocásticos pudieran darse en diferentes nanopartículas.

Por otro lado, como también hemos mencionado, se barajan hipótesis sobre si determinadas nanofibras y los nanotubos de carbono podrían inducir efectos citotóxicos y cancerígenos similares a los del amianto, ya que in vitro o en investigación animal parecen comportarse de modo similar.

Tampoco existen estudios sobre si ciertas nanopartículas y nanomateriales de diseño podrían inducir perturbaciones endocrinas.

En definitiva, aún son muy pocos los estudios de casos y colectivos humanos, por lo que nos queda mucho trabajo por hacer para determinar con rigor científico y médico, mediante estudios epidemiológicos y toxicológicos, los potenciales efectos agudos y crónicos sobre la salud causados por los nanomateriales.

Los efectos sobre el medioambiente

Se debate en la actualidad si determinados nanomateriales que pueden persistir un largo periodo de tiempo en el medioambiente tienen efectos adversos en el mismo, afectando a la cadena alimentaria y respiratoria de los seres vivos de los reinos vegetal y animal. Sabemos, gracias a estudios en animales de laboratorio, que determinados nanomateriales tienen efectos nocivos para su salud, lo que nos debe hacer reflexionar sobre otros aspectos que hasta ahora no se han tratado en profundidad, como la incorporación de los nanomateriales en especies vegetales a través del agua y el aire, sus efectos en ellas, su paso a otras especies, etc. Planteemos el tema como objeto de discusión y controversia para promover la investigación responsable ya que aún no existe una evidencia causa-efecto porque no se ha investigado en profundidad en estos temas. Dicha investigación debe basarse en estudios epidemiológicos prospectivos que permitan obtener datos y conclusiones basadas en el rigor del método científico.

Para acabar este capítulo en el que se han puesto sobre la mesa diversos peligros de los nanomateriales sobre los seres vivos y el medioambiente, mencionaremos que también existen otros riesgos que no hemos tratado con profundidad. Por ejemplo, está demostrado que algunas nanopartículas y otros nanomateriales que se propagan vía aérea pueden actuar como combustibles, a partir de ciertas concentraciones, y generar riesgos de seguridad como incendios y/o explosiones. Sin olvidar que ciertos materiales producidos a escala nanométrica pueden convertirse de modo imprevisto en catalizadores químicos y causar reacciones no intencionadas (NIOSH, 2015).

Llegados a este punto, tras haber saboreado las suculentas promesas de la nanotecnología, muchas ya hechas realidad, y tras haber descrito algunos riesgos más o menos realistas, en este capítulo nos hemos encontrado frente a otra realidad que nos enseña que ciertos nanomateriales pueden tener efectos no deseados. Esto puede generar mucha incertidumbre, que puede convertirse en miedo o rechazo, pero la cantidad de estudios que se están poniendo en marcha nos muestran que se está investigando con profundidad en estos temas para encauzar el desarrollo de la nanotecnología, siendo el objetivo final la consecución de todos sus beneficios a la vez que se minimizan o eliminan sus riesgos.

CAPÍTULO 5

¿Cómo llegan los nanomateriales a nuestro cuerpo?

Un equipo del Departamento de Medicina Especializada, Diagnóstica y Experimental de la Universidad de Bolonia ha calculado que aproximadamente unas 37,2 billones de células constituyen los órganos y sistemas de un ser humano prototipo medio. Otros estudios estiman que cada célula humana está compuesta a su vez por unos 200 trillones de átomos. Como decía el gran físico Richard Feynman, padre de la nanotecnología: "Yo, un universo de átomos, un átomo en el universo". Somos organismos pluricelulares complejos en continua interacción con el entorno, intercambiando átomos y moléculas de manera continua con el mismo. En esta interacción del ser humano con su entorno, los agentes externos, incluyendo los nanomateriales, pueden penetrar en el cuerpo humano por múltiples vías: inhalatoria-respiratoria, a través de la piel y las mucosas, vía gastrointestinal y a través de la placenta. Para complicar la situación, en el caso de algunos nanomateriales y nanopartículas también se da un mecanismo de penetración denominado "translocación", muy interesante por su novedad en el campo médico y que describiremos más adelante. Dependiendo de la vía de entrada, los nanomateriales podrían producir o no determinadas alteraciones, pero barajamos como hipótesis pues aún son mínimos los estudios en humanos y no existen investigaciones a largo plazo.

La respiración, principal puerta de entrada

Respiramos, sin pausa y de manera inconsciente, desde que nacemos hasta que morimos, inhalando del aire ambiental el oxígeno (O_2) necesario para el funcionamiento de cada célula de los órganos y sistemas del cuerpo humano y exhalando dióxido de carbono (CO_2) en un intercambio incesante de moléculas con el aire exterior. Un adulto sano realiza con frecuencia normal de 8 a 16 respiraciones por minuto. En un día normal, respiramos casi 25.000 veces e inhalamos grandes cantidades de aire. Y en un bebé, la tasa respiratoria normal es mucho mayor, de hasta de 44 respiraciones por minuto. En la respiración espontánea en reposo se inspiran y espiran en cada ciclo entre 400 y 600 ml de aire, cantidad denominada "volumen corriente", por ser el que se moviliza, aunque es solo una décima parte de lo que el pulmón podría movilizar, pues existen reservas cuando aumentan las demandas por realizar ejercicio físico, el estrés, el llanto, la risa, etc. El pulmón está constituido en su mayor parte por la región alveolar (formando estructuras globulares en racimos al final de las vías aéreas más pequeñas —bronquiolos—). Unos 300-600 millones de alveolos son responsables del intercambio de O_2 y CO_2 entre el aire inspirado y la sangre. Al final de la espiración, el diámetro medio de un alveolo es de unas 100 micras, con una superficie o área total para el intercambio gaseoso de unos 100 m^2 (casi cien veces más que la superficie cutánea de un adulto, estimada entre 1,5 y 2 m^2).

El aire que inhalamos está formado mayoritariamente por oxígeno y nitrógeno, pero también contiene otras sustancias, algunas de las cuales pueden ser nocivas: virus, bacterias, partículas de polen, humo de tabaco, gases que emiten los automóviles y otros contaminantes atmosféricos o del medioambiente. Por todo ello, es fácil imaginar que la vía inhalatoria-respiratoria es la principal puerta de entrada de los nanomateriales (naturales y de diseño) en el organismo humano, tanto en el ámbito laboral como en el extralaboral, al igual que ocurre con la mayoría de agentes químicos y bioaerosoles de la escala no nano. Algunos estudios han estimado que en cada inspiración podrían introducirse hasta 5-6 millones de nanoobjetos según el lugar donde nos encontremos, ya que no es lo mismo respirar en la cima de una montaña que en el centro de una ciudad. Aunque esta cantidad puede alarmarnos podría representar solo una fracción del 0,00000000001% del volumen respirado. Y en comparación, por ejemplo, con el número de partículas de polen inhaladas, también sería una cantidad ínfima y más teniendo en cuenta que las polinosis generan cuadros patológicos que van de leves a mortales (asma, choque anafiláctico, etc.).

En el Congreso de la Academia Europea de Alergia e Inmunología Clínica (AEAIC) celebrado en 2015, los expertos estimaron que más de 150 millones de europeos viven actualmente con alguna alergia y se prevé que, para 2025, la mitad de toda la población de la Unión Europea se verá afectada por las alergias a pólenes, que actualmente ya supone una carga sociosanitaria y económica estimada entre 55 y 151.000 millones de euros al año en Europa. Por otro lado, según la Sociedad Española de Alergia e Inmunología Clínica (SEAIC), los múltiples contaminantes atmosféricos terminan por depositarse en el suelo y tierras y pueden influir directamente en el desarrollo de semillas, raíces y plantas, alterando sus características fisiológicas, convirtiendo a los pólenes en más potentes y alergénicos. Asimismo, la polución, incluyendo las partículas ultrafinas de la escala nanométrica, afecta directamente a nuestro sistema respiratorio irritando las mucosas de la nariz, orofaringe (parte posterior de la garganta) y pulmones, lo que agrava la sintomatología propia de la alergia (por eso las alergias pueden ser más frecuentes y graves en las ciudades que en el campo, aunque haya menos polen).

Son múltiples los factores individuales que pueden influir en la penetración de los nanomateriales. Por ejemplo, la frecuencia respiratoria se puede acelerar demasiado (taquipnea, respiración rápida y superficial) por una enfermedad (pulmonar y/o cardiaca, sangrado, infecciones u otros problemas de salud), pero también se puede producir hiperventilación (respiración rápida y profunda, con sensación de falta de aliento) en una persona sana cuando se encuentra en situaciones de estrés, ansiedad, ira, o pánico. También son múltiples los factores externos que influyen (características físico-químicas vistas en el capítulo anterior, tiempo y frecuencia de exposición, cumplimiento o no de las medidas de protección laboral colectivas y/o individuales etc.).

Los procesos, industriales o de laboratorios de investigación, entre otros, que originan partículas de tamaño nanométrico suspendidas en el aire, partículas respirables de materiales nanoestructurados (por lo general de menos de 4 micrómetros) y gotitas respirables de suspensiones de nanomateriales, soluciones y suspensiones, son de especial interés para estudiar los potenciales efectos en las exposiciones laborales por inhalación. Se tiene en cuenta a tal efecto la experiencia en la definición de las características y propiedades de las partículas ultrafinas (tales como el humo de soldadura y la contaminación ambiental de partículas diésel emitidas por los vehículos), que tienen algunas características comunes a los nanomateriales "artificiales" o de diseño (NIOSH, 2012).

Algunos de los nanomateriales que penetran en el aparato respiratorio pueden ser exhalados, pero muchos de los inhalados pueden depositarse a lo largo del tracto respiratorio. Las partículas de tamaño nanométrico (<100 nm) se depositan mediante difusión y el lugar de depósito depende del tamaño de la nanopartícula. Las nanopartículas de diámetro entre los 10 nm y los 20 nm se depositan mayoritariamente en los alveolos pulmonares, por lo que son las más preocupantes por sus potenciales efectos para la salud de los trabajadores expuestos (INSHT, 2015a). Actualmente no existen estudios de inhalación crónica de las nanopartículas diseñadas y sabemos que los estudios a corto plazo de la inhalación de nanopartículas de óxidos metálicos y de nanotubos de carbono no son adecuados para identificar y evaluar efectos crónicos.

La barrera defensiva cutánea y las mucosas

La piel es un órgano vivo y vital para el organismo humano, siempre en alerta para cumplir con sus múltiples funciones, siendo la principal la de actuar como barrera de protección frente a los agentes externos (físicos, como la temperatura; químicos; biológicos, como los virus y las bacterias, etc.). La piel contribuye a regular la temperatura corporal, un aspecto crucial de nuestra existencia, ya que el ser humano es un mamífero homeotermo y su temperatura interna ha de permanecer dentro de un rango seguro entre 36° y 37°. Además, la melanina de la piel es un pigmento químico fisiológico que utiliza para defenderse de la exposición a los rayos ultravioleta que pueden lesionarla. También es necesaria la piel para el metabolismo homeostático, incluyendo la síntesis de la vitamina D imprescindible para el tejido óseo. Otra de sus ventajas como barrera defensiva es que posee una enorme capacidad de regeneración. Queda claro que a pesar de la "poca importancia" que parece que tiene, la piel desempeña un importante número de funciones.

Aunque el efecto de la respiración pudiera ser cientos de veces superior a la entrada por la vía cutánea, la piel es otra vía de entrada importante a considerar en los nanomateriales, dependiendo de factores individuales (integridad de la piel o presencia de patologías que deterioran la barrera cutánea), así como de las características físico-químicas de los mismos. Algunas investigaciones han demostrado que nanopartículas de tamaño menor o igual a 40 nm pueden atravesar la capa córnea de la piel normal íntegra, llegar a la dermis y de ahí a los vasos sanguíneos y circulación general y desde esta a los distintos órganos, tejidos y células, viajando fácilmente gracias a su pequeñísimo tamaño por el torrente circulatorio a lugares del organismo muy alejados del punto de entrada. La forma de las nanopartículas también es un factor determinante de su poder de penetración en la piel. De hecho, las nanopartículas esféricas atraviesan más fácilmente la piel que las que tienen forma de elipsoidal (Gautam *et al.*, 2011).

La exposición a productos cosméticos con nanopartículas o nanomateriales aumenta la importancia de esta vía de penetración del material (pintalabios, cremas para la protección de la radiación solar, sombras de ojos, etc.). Debemos recordar que muchos productos cosméticos incorporan nanopartículas por su actividad bloqueante de la radiación ultravioleta. Las nanopartículas y nanomateriales también podrían penetrar a través de punción accidental percutánea (accidentes con agujas hipodérmicas) pasando al sistema circulatorio sanguíneo. Y no podemos olvidar, por su relevancia en el ámbito laboral, que los accidentes por salpicaduras accidentales o agentes aerosolizados de nanomateriales/nanopartículas sobre ojos, boca y nariz pueden dar lugar a la penetración a través de las mucosas ocular y orofaríngea, con posibilidad de efectos agudos y desconocidos a medio y largo plazo.

Otras vías posibles

La entrada a través del tracto gastrointestinal es muy probable en el caso del uso de compuestos alimentarios que contengan nanomateriales o de alimentos que han estado envasados en bolsas o recipientes con nanomateriales que sean susceptibles de migrar desde el envase a su contenido. Esta vía de penetración es menos probable desde el punto de vista del ambiente laboral, pero también posible ya que las nanopartículas que se depositan en el sistema respiratorio superior (nasofaringe), a través de la acción mucociliar, pueden ser deglutidas y pasar al tracto digestivo. En otros casos este tránsito hacia el tracto digestivo se puede asociar a malas prácticas higiénicas en el puesto de trabajo cuando se manipulan nanomateriales (fumar, comer, beber, aplicarse cosméticos, no lavarse las manos o realizar un lavado inadecuado después del trabajo y antes de comer, etc.).

Otra vía de penetración de los nanomateriales/nanopartículas que ha de tenerse en cuenta es la transmisión vertical madre-hijo (vía transplacentaria). Esta posibilidad debe considerarse en la prevención primaria en el caso de mujeres gestantes y específicamente en aquellas que efectúen trabajos con riesgo de exposición a determinadas nanopartículas. Algunos estudios describen la posibilidad de que determinadas nanopartículas de sílice de tamaño igual o menor a 70 nm o nanopartículas de TiO_2 de tamaño igual o menor a 35 nm puedan atravesar la barrera placentaria en mujeres gestantes y causar daños en la placenta y el feto o embrión. No hay estudios en humanos en relación a otros tipos de nanopartículas y nanomateriales de diseño, por lo que podemos afirmar que la transmisión vertical es un asunto que está en sus fases iniciales de investigación.

También hay que describir el fenómeno que antes nombramos como "translocación", proceso desconocido previamente en el campo de la medicina, mediante el que ciertas nanopartículas insolubles —o poco solubles— en fluidos biológicos son capaces de entrar por distintas vías y, desde un punto del organismo, atravesar membranas y barreras biológicas (barrera hemato-encefálica, barrera placentaria, etc.), migrar y llegar íntegras a otro lugar del organismo muy alejado del punto de entrada sin metabolizarse ni degradarse, manteniendo su integridad como nanopartícula o nanofibra. Es una especie de "puerta de atrás" para las nanopartículas. En experimentación animal se ha demostrado que ciertas nanopartículas pueden penetrar vía inhalatoria-nasal y migrar por el nervio olfativo hasta el cerebro, atravesando la barrera hematoencefálica. Una vez en el cerebro, de nuevo no se sabe si se eliminan por algún mecanismo aún desconocido o se acumulan a medio-largo plazo.

A modo de resumen de lo expuesto en este capítulo, la figura 3 recoge las principales vías de entrada de los nanomateriales en nuestro cuerpo y resume los posibles daños, expuestos en el capítulo anterior, que algunos nanomateriales pueden producir en determinados órganos o sistemas.

FIGURA 3

Esquema de las principales vías de entrada de los nanomateriales en nuestro cuerpo y posibles daños que algunos de ellos pueden producir en determinados órganos o sistemas.

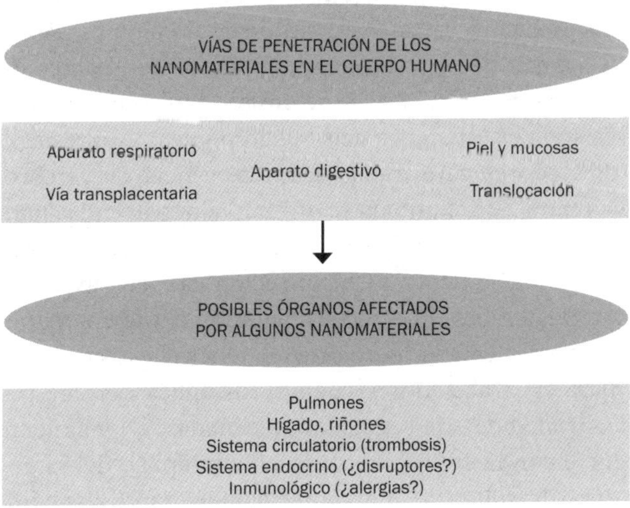

FUENTE: ELABORACIÓN PROPIA.

¿Cómo nos exponemos a los nanomateriales más allá del ámbito laboral?

En los países industrializados destacan tres sectores en los que tanto trabajadores como usuarios se exponen claramente a los nanomateriales: el de la alimentación, el de la cosmética y el de la medicina. Como ya hemos hablado de ellos en capítulos previos, solo recordaremos que no existe información suficiente para los usuarios, sobre todo en mezclas de sustancias con nanomateriales empleada en artículos finales de uso y consumo humano. Tenemos una exposición directa e indirecta de usuarios de envases de alimentos, aditivos alimentarios, protectores solares con nanopartículas, pintalabios y maquillajes, liberadores de sustancias de forma controlada, etc. Además de esta exposición más o menos cotidiana, debemos añadir la que experimentan los trabajadores en sus puestos de trabajo de forma directa o indirecta, por ejemplo, en la construcción, la automoción, en profesiones que usan nanotecnología (medicina, electrónica, etc.).

En la medicina, estamos asistiendo en los últimos años a un gran avance de las nanoterapias. Varios centenares de nanofármacos están ya en fase de ensayo clínico con humanos en hospitales españoles de sanidad pública, con resultados prometedores para tratamientos de cáncer de cerebro, pulmón, mama, etc. También se utilizan nanopartículas para diagnóstico. Parece claro que los pacientes y los trabajadores del sector sanitario tienen una exposición directa o indirecta a los nanomateriales. Los fármacos quimioterápicos curan muchos tipos de cáncer, pero pueden tener efectos cancerígenos para los trabajadores cuando los aplican en los pacientes sin medidas de seguridad adecuadas, e igualmente esto ocurre con la aplicación de la radioterapia y del radiodiagnóstico. Resulta evidente que se han de desarrollar e implantar procedimientos seguros para el personal sanitario en la aplicación de nanoterapias y en la realización de técnicas de nanodiagnósticos, tanto en el ámbito hospitalario como en el extrahospitalario.

La investigación clínica sobre los futuros nanofármacos ha de superar severas cribas con múltiples fases de desarrollo previo hasta que consiguen llegar a la fase final del ensayo clínico en humanos. De esta forma, los organismos oficiales competentes regulan y evalúan cada una de dichas fases y procesos para velar por la minimización de efectos secundarios tanto en pacientes como en trabajadores (Ehmann *et al.*, 2013). En esta dirección trabajan las plataformas española y europea de nanomedicina, los grupos de trabajo sobre nanomedicina del Instituto Nacional de la Salud (INH) de Estados Unidos y las agencias española y europea de medicamentos y productos sanitarios, entre otras entidades. Podemos afirmar que, en su conjunto, el sistema de aprobación de nanofármacos es lento pero seguro debido a las implicaciones que tiene la comercialización de este tipo de soluciones médicas.

En la actualidad, quizás sea el proyecto NanoPilot la iniciativa europea más destacada para la impulsar la producción de nuevos nanofármacos. A principios de 2016 tuvo lugar en el centro de investigaciones IK4-CIDETEC la reunión oficial de lanzamiento de este proyecto, cuya finalidad es la producción de nanofármacos de base polimérica conforme a los estándares GMP (de buenas prácticas de fabricación, por las siglas de la expresión en inglés *good manufacturing practices*). Mediante la financiación de este proyecto, con un coste total de 6 millones de euros a lo largo de cuatro años, la Unión Europea quiere incrementar la transferencia de tecnología entre universidades y empresas y de estas hacia la sociedad, para promover así la producción, evaluación y validación de nuevos fármacos y terapias basados en nanotecnología. El objetivo actual del proyecto NanoPilot es conseguir la producción de tres fármacos basados en nanopartículas poliméricas para tratar la cistitis intersticial o síndrome de la vejiga dolorosa, el síndrome de ojo seco y para conseguir una nueva vacuna contra el VIH. Este proyecto es uno de los muchos que se han desarrollado en la Unión Europea en los últimos años; se puede encontrar una lista completa de todos los proyectos en la Plataforma Europea de Nanomedicina. Esa lista pone sobre la mesa el gran esfuerzo que se está realizando por impulsar una nanomedicina segura. Este esfuerzo no se realiza solo en Europa, ni mucho menos, ya que otros países como Estados Unidos, Canadá, Japón o China están trabajando en la misma dirección.

Esta gran apuesta internacional se pondrá de manifiesto en el año 2017, mediante la celebración de la Cumbre Global Europea de Medicina de vanguardia, dedicada fundamentalmente a la investigación en nanomedicina clínica (CLINAM, por las siglas en inglés de *clinical nanomedicine*). Este encuentro científico tiene como objetivo mostrar los obstáculos de la nanomedicina y encontrar las soluciones para seguir avanzando en las aportaciones de la nanociencia en el ámbito del diagnóstico y de la terapia. En esta cumbre seguramente se vislumbrarán soluciones a enfermedades que actualmente no tienen tratamiento (ciertos tipos de cáncer, enfermedades neurodegenerativas, nuevas vacunas, etc.) y se mostrarán nuevos sistemas de diagnóstico y métodos para minimizar o eliminar los efectos secundarios de los tratamientos convencionales. Este tipo de cumbres muestran el camino que sigue la medicina más innovadora y permiten vislumbrar el revolucionario futuro que nos aguarda.

CAPÍTULO 6

La gestión integral de los riesgos de la nanotecnología

Dudas razonadas, dudas razonables

Tras lo expuesto en los dos capítulos anteriores parece que hay evidencias acumuladas sobre los peligros que puede entrañar la exposición a ciertos nanomateriales. Estas evidencias se han ido recopilando en los últimos años a medida que la preocupación ha ido creciendo en algunos sectores (asociaciones de consumidores, grupos ecologistas, ONG, etc.) que se alarmaron, desde principios del siglo XXI, por la introducción de nanomateriales en productos de consumo, especialmente en cosmética y alimentación. Como ya se ha mencionado en el prólogo de este libro, podemos recordar las contundentes campañas contra el uso de nanopartículas llevadas a cabo hace más de una década por los grupos activistas ETC y Amigos de la Tierra. Estos grupos elaboraron estudios e informes, promovieron manifestaciones pacíficas, invasiones de congresos y llegaron a proponer una moratoria mundial sobre el desarrollo de la nanotecnología. Esta propuesta no prosperó, pero gestos de esta índole sirvieron para mostrar a las empresas y a los gobiernos la necesidad de implantar la nanotecnología de una forma ordenada y consensuada con la sociedad. Como ya se ha expuesto, la situación de incertidumbre sobre el desarrollo de la nanotecnología hizo que empresas aseguradoras tomasen precauciones a la hora de asegurar compañías basadas en la comercialización de desarrollos tecnológicos (Swiss Re, 2004; Lloyd's, 2007). Más recientemente, ante el imparable auge de la nanotecnología, se ha producido un cambio de postura y las propias aseguradoras han lanzado programas de investigación sobre los efectos de los nanomateriales y sobre los medios para minimizar o evitar la exposición a los mismos pensando tanto en trabajadores como usuarios finales de los productos nanotecnológicos.

Las numerosas muestras sobre los posibles efectos tóxicos de algunos nanomateriales se han publicado en revistas científicas internacionales, por lo que están contrastadas. El International Council on Nanotechnology, gestionado por la Universidad de Rice (Houston, Estados Unidos) ha recopilado estos artículos en una gran base datos, donde se recogen más de 1.600 referencias científicas. La mayoría de estos estudios corresponden a trabajos de investigación en animales de experimentación o celular in vitro y a corto plazo. Como se ha destacado anteriormente, son aún muy escasos los estudios detallados que abordan la nanotoxicología en humanos o las investigaciones sobre pacientes o trabajadores tras accidentes o incidentes con nanomateriales o nanopartículas.

Se estima que la inversión en proyectos dedicados a nanoecotoxicología asciende en estos momentos al 5% aproximadamente de la inversión total de proyectos de investigación en nanociencia y nanotecnología, aunque este porcentaje varía mucho de unos países a otros. La Unión Europea ha hecho un gran esfuerzo en este campo: todos los proyectos sobre toxicidad y seguridad de nanomateriales financiados dentro de los VI y VII programas marco y por el programa Horizonte 2020 se encuentran identificados en la plataforma NanoSafety, en la que se muestran los resultados más relevantes alcanzados hasta el momento.

Es ahora cuando se comienza a tener evidencia científica de los problemas que algunos nanomateriales pueden presentar tanto para nuestra salud como para el medioambiente en general. A partir de esta situación se intentan buscar respuestas y propuestas, combinando conocimiento científico y sentido común, que eviten el huracán del alarmismo. Sin embargo, la situación es complicada porque resulta muy difícil establecer valores límite sobre los que construir una normativa para regular la exposición de las personas a los nanomateriales. En cualquier caso, el principio de precaución o cautela es una herramienta que nos permite avanzar con cierta seguridad mientras progresan los estudios sobre los efectos sobre la salud y la seguridad de los nanomateriales. Este conocimiento nos será de gran utilidad para progresar por el camino de la nanociencia en los laboratorios de investigación científica y para determinar cómo implantar la nanotecnología en nuestras fábricas y hogares.

Un riesgo emergente

Hay en estos momentos un gran desconocimiento sobre los niveles de toxicidad del enorme número de nanomateriales que somos capaces de sintetizar, en muchas ocasiones con un gran volumen de producción, como ocurre con algunos tipos de nanopartículas o los nanotubos de carbono. Los escasos estudios epidemiológicos y toxicológicos en humanos son incapaces de determinar los potenciales efectos a largo plazo de los nanomateriales de diseño en el ser humano ni en otros seres vivos. Los ensayos sobre animales o in vitro (producidos en laboratorio por métodos experimentales) son de corta duración aunque proporcionan importantes evidencias parciales que se van acumulando. Sin embargo, los datos aún no permiten obtener respuestas concluyentes que puedan extrapolarse a los humanos.

Este vacío de información impide que se definan oficialmente valores límites ambientales (VLA) para los nanomateriales. Algunos laboratorios, industrias y organismos estatales de diversos países están lanzando sus propias propuestas de VLA para determinados nanomateriales. Sin embargo, estas propuestas no tienen carácter uniforme debido a los diferentes criterios y metodologías empleados. Tampoco existen valores límite biológicos (VLB) oficialmente establecidos ni ningún indicador analítico biológico en sangre, orina u otros que haya demostrado su fiabilidad para utilizarse en los estudios médicos de exposición a nanomateriales. Es necesario destacar que, metodológicamente hablando, es un error aplicar los VLA y VLB de la toxicología clásica a los nanomateriales, ya que no existe ninguna evidencia científica para ello. Nuevamente, nos encontramos que lo "nano" es diferente, pero en este caso la diferencia representa un contratiempo. No obstante, ya se están iniciando estudios de investigación de posibles marcadores analíticos biológicos para trabajadores con potenciales riesgos a determinados nanomateriales.

En un interesante estudio realizado en el Departamento de la Salud Ambiental y Medicina del Trabajo del Instituto Nacional de Investigación en Salud de Miaoli (Taiwán) se efectuó el seguimiento durante seis meses de 124 trabajadores de 14 plantas de fabricación de nanomateriales que estaban expuestos a nanopartículas en diferentes fases del proceso de fabricación y aplicación, sin que se hubiesen tomado medidas de protección y seguridad apropiadas (Hui-Yi *et al.*, 2014). El objetivo del estudio fue identificar los peligros para la salud y posibles marcadores de vigilancia de la exposición de estos trabajadores, comparando los resultados con los de 77 trabajadores no expuestos. Se encontraron asociaciones significativas entre marcadores de estrés oxidativo, enzimas antioxidantes y marcadores de inflamación cardiovasculares, proponiendo como posibles biomarcadores las enzimas antioxidantes (superóxido dismutasa, glutatión peroxidasa) y la paraoxonasa (molécula de adhesión celular vascular). En este trabajo también se propone la realización de pruebas de función pulmonar y marcadores de inflamación de bronquiolos pulmonares ("proteína de la célula Clara" —con función antiinflamatoria e inmunosupresora—) que podrían ser útiles para la vigilancia sanitaria de los trabajadores expuestos a nanopartículas sintéticas manufacturadas.

Se trata de estudios aislados, aún muy incipientes y realizados en un plazo corto de tiempo, cuyos datos requieren ser verificados por más investigaciones clínicas. Pero lo interesante es que, como ya comentamos en el capítulo 5, en otros estudios realizados en trabajadores que sí disponen de medidas de protección colectiva y/o individual adecuadas no se evidencian alteraciones patológicas en un plazo similar. En conclusión, hay una gran falta de estudios epidemiológicos que ayuden a determinar los valores límite ambientales (VLA) o los valores límite biológicos (VLB) para consensuar normativas específicas. Mientras no se efectúen estudios toxicológicos para cada nanomaterial o cada grupo de nanomateriales que tengan propiedades similares, nos encontramos en un momento de gran incertidumbre. Sin embargo, este desconocimiento no ha impedido que se tomen algunas decisiones.

El principio de precaución

Sin duda alguna, la prudencia es una gran aliada en situaciones de incertidumbre. El principio de precaución se menciona en el artículo 191 del Tratado de Funcionamiento de la Unión Europea y pretende garantizar un elevado nivel de protección del medioambiente y la salud mediante una toma de decisiones preventivas en caso de riesgo potencial. Según la Comisión Europea, puede invocarse el principio de precaución cuando un fenómeno, un producto o un proceso pueden tener efectos potencialmente peligrosos, identificados por una evaluación científica y objetiva, si dicha evaluación no permite determinar el riesgo con suficiente certeza. Gracias a reglamentos como REACH (por sus siglas en inglés de *registration, evaluation, authorisation and restriction of chemical*, es decir, registro, evaluación, autorización y restricción de sustancias químicas) debe prevalecer el principio de precaución debido a la preocupante combinación de las pruebas sobre los riesgos que presentan ciertos nanomateriales y la ausencia generalizada de métodos que evalúen adecuadamente los riesgos relacionados con los mismos, haciéndose imprescindible la adopción de medidas preventivas primarias y de vigilancia sanitaria específica en los trabajadores expuestos a los nanomateriales, que se deberán mantener mientras no se obtengan datos al respecto que permitan desarrollar una prevención de riesgos laborales y vigilancia de la salud (laboral y población general) basada en la evidencia científica-médica. Resumiendo todo lo anterior: en el caso de los nanomateriales, "más vale prevenir".

Diversos organismos han instado a que las diferentes entidades involucradas en las actividades de I+D+i establezcan un código de conducta para una investigación responsable, por parte de los investigadores y centros de investigación, en los campos de las nanociencias y las nanotecnologías, tomando precauciones oportunas y proporcionales en aquellas actividades que pueden tener repercusiones medioambientales y para la salud humana. En esta dirección, la Comisión Europea emitió una recomendación a los Estados miembro de la Unión Europea sobre la necesidad de elaborar e implementar un código de conducta para la investigación responsable en nanociencias y nanotecnología (Comisión Europea, 2008).

Prevención integrada en la gestión del trabajo con nanomateriales

En el campo de la prevención existe desde hace años un reconocimiento generalizado —y también un marco normativo vigente en toda Europa—, sobre la necesidad de integrar la prevención de riesgos laborales (PRL) en la gestión general de la empresa como elemento clave para incrementar la eficacia de la acción preventiva, de modo que la prevención deberá integrarse en todo el conjunto de actividades y decisiones de la empresa, en toda su línea jerárquica y productiva. Dicha integración es esencial para conocer y controlar todos los factores que influyen en el funcionamiento de una organización y muy especialmente en las empresas dedicadas a la nanotecnología en general y los nanomateriales en particular.

Los riesgos laborales provocan daños para la salud, pérdidas humanas y económicas, alteraciones del proceso productivo, bajo rendimiento, incremento de costes, etc. La exigencia de eliminar o minimizar y controlar los riesgos de los nanomateriales debería ser fruto de una cultura preventiva empresarial basada en la voluntad de optimizar la eficacia de la gestión de recursos humanos y materiales y no solo de un imperativo legal. En realidad, el control de estos riesgos es parte de la actuación responsable de la empresa, tal y como demandan por diversas entidades. En la actualidad, la integración de los PRL en la gestión global de la empresa sigue siendo deficiente y menos frecuente de lo deseable, posiblemente debido a la lentitud con la que la "cultura preventiva" se introduce en determinados colectivos y en la sociedad en general. En España, el INSHT ha elaborado una *Guía técnica para la prevención de riesgos laborales en el sistema general de gestión de la empresa* (INSHT, 2015b) que, aunque no tiene carácter vinculante, es un instrumento para comunicar la necesidad y los conceptos básicos, así como para orientar de un modo práctico la consecución del objetivo de una prevención eficaz y eficiente basada en su integración en la gestión. En la prevención integrada hay dos aspectos a tener en cuenta: por un lado, cómo se evalúan y minimizan los riesgos derivados de los nanomateriales, y, por otro, cómo se vigila el impacto en la salud de los nanomateriales. De estas dos cuestiones hablaremos a continuación.

Minimización de los riesgos

Un primer aspecto a tener en cuenta está relacionado con la eliminación o minimización de los riesgos derivados con las actividades de síntesis, manipulación, transporte y almacenamiento de nanomateriales. Es imprescindible que las empresas pongan en marcha equipos preventivos multidisciplinares, altamente cualificados, integrales e integrados en los servicios de PRL, que dispongan de las cuatro especialidades preventivas básicas en PRL del marco normativo vigente en toda la Unión Europea: higiene industrial, seguridad, medicina del trabajo y ergonomía y psicosociología aplicada. Con la ayuda de estos servicios las empresas deben establecer protocolos de actuación preventiva (PAP) —técnicos y médicos— y procedimientos de trabajos seguro (PTS) en relación a las actividades con nanomateriales antes mencionadas.

Otro aspecto fundamental es la realización de evaluaciones de riesgos por la exposición a nanomateriales con el fin de minimizarlos y controlarlos cuando no se puedan eliminar, previa identificación y registro de puestos susceptibles de exposición a los riesgos. Sin embargo, la evaluación de los mismos es un tema muy complejo. Planean muchas dudas en relación a los diferentes métodos de evaluación propuestos y a los equipos de medición disponibles para identificar las fuentes de emisión, los tipos de nanomateriales y los niveles de exposición. Por el momento se dispone de métodos para realizar la evaluación de riesgos por exposición a nanopartículas mediante el uso de metodologías de evaluación cualitativa como el método *control banding* (en el que se establecen para distintos parámetros medibles bandas de riesgo o de prioridad según la probabilidad de exposición o severidad del daño o peligro).

Es posible que el método de tipo *control banding* que más se utiliza sea el Stoffenmanager Nano 1.0. Esta herramienta ha sido desarrollada en Holanda por la entidad sin fines de lucro Nederlandse Organisatie Voor Toegepast Natuurwetenschappelijk Onderzoe (TNO, Organización Holandesa para la Investigación Científica Aplicada), y, en España, el INSHT ha publicado documentación sobre su uso (INSHT, 2013). Esta aplicación, disponible *online* de modo gratuito y de muy fácil uso, pretende ayudar al empresario y a los trabajadores de pequeñas y medianas empresas a priorizar situaciones que supongan una exposición a nanomateriales manufacturados.

Los principios de acción preventiva de la Ley de Prevención de Riesgos Laborales exigen la adopción de medidas que antepongan la protección colectiva a la individual. Siempre se deberá efectuar una valoración de riesgos evaluando técnicamente quellos que no se puedan eliminar y, dependiendo de dicha evaluación, se propondrán las distintas medidas de protección colectiva, e individual cuando proceda. Solo como ejemplos, mencionaremos que ya se pueden adoptar distintas medidas de protección colectiva en nanomateriales, destacando el trabajo en sistemas cerrados (confinamiento/aislamiento), la extracción localizada lo más cerca posible de la fuente con filtros adecuados (filtros de alta eficacia HEPA de clase H14 o ULPA), la puesta en marcha de medidas organizativas y una gestión adecuada de residuos por empresas especializadas.

Existen distintas medidas organizativas como disminuir el tiempo de exposición y el número de trabajadores expuestos, definir cuando sea posible zonas de acceso restringido, formar e informar adecuadamente a los trabajadores, establecer protocolos de actuación en accidentes o derrames accidentales y procedimientos para el almacenamiento, orden y limpieza. Los EPI deberán utilizarse cuando los riesgos no se puedan evitar o no puedan limitarse suficientemente por medios técnicos de protección colectiva o a través de medidas, métodos o procedimientos de organización del trabajo. Podemos poner algunos ejemplos de EPI que deben usarse en el trabajo con nanomateriales —siempre en función de los resultados de las evaluaciones de riesgos—: dobles guantes de nitrilo, neopreno o butilo para evitar que las nanopartículas más pequeñas entren en contacto con la piel, ropa de trabajo de protección 4, 5 o 6 según la necesidad (por ejemplo, en el sector de la automoción la ropa de protección recomendada podría requerir un traje desechable de tipo 5, con materiales no tejidos como el polietileno de alta densidad [INSHT, 2016] —no se debe usar tejido de algodón ni tejidos como mezclas de poliéster con algodón—), equipos de protección respiratoria, facial y ocular (como pantallas y gafas protectoras) y equipos filtrantes de partículas de clase 3 (máscara completa o media máscara con filtro P3 o mascarilla autofiltrante FFP3). Es necesario actuar con mucha precaución y tener en cuenta hasta el último detalle. Por ejemplo, una máscara respiratoria podría no ajustarse correctamente sobre la cara de un trabajador con barba, lo que aumentaría su exposición a los nanomateriales. El INSHT (2016) insiste en la importancia de "realizar un buen ajuste con la cara del trabajador y respetar el tiempo de uso indicado por el fabricante", siendo aconsejable realizar un test de estanqueidad de la protección respiratoria individualizada para cada trabajador.

En definitiva, de lo que se trata es de actuar con sensatez y sentido común, aunque ya sabemos que esto es sumamente difícil si no se tiene asimilada la cultura preventiva a la que antes nos referíamos, y que necesariamente debe incluir la gestión de medidas de protección colectiva y de los EPI como complemento a las medidas colectivas adoptadas, formación e información del personal, guías de buenas prácticas, procedimientos de trabajo seguros y correcta gestión de residuos.

Vigilancia de la salud

El segundo aspecto que debe tratarse en el ámbito laboral está relacionado con la medicina del trabajo y la vigilancia sanitaria (VS). En el caso de los nanomateriales se requiere una vigilancia de la salud específica, tanto colectiva como individual en aquellos trabajadores expuestos a los mismos, una vez identificados los riesgos mediante las pertinentes evaluaciones siguiendo las metodologías de *control banding* que hemos mencionado anteriormente. En las organizaciones se deben diseñar y desarrollar protocolos médicos de vigilancia de la salud específica para nanomateriales en función de las evaluaciones de riesgos (y, en su caso, de las mediciones ambientales disponibles) y de los conocimientos científicos, técnicos y médicos más actuales. Cada trabajador dispondrá siempre de un historial clínico laboral individual que ha de contener necesariamente los datos procedentes de la evaluación de riesgos del puesto actual y de los anteriores, accidentes e incidentes, fechas, antecedentes personales patológicos (personales y familiares), estado actual de salud, tratamientos y hábitos extralaborales, entre otros. Por supuesto, este historial tendrá garantía de confidencialidad de los datos médicos de carácter personal, al igual que cualquier acto médico. El desarrollo de toda la actividad en vigilancia de la salud está regulada por la normativa vigente (recogida en el Real Decreto 843, de 2011), en la que se establece que el médico especialista en medicina del trabajo y vigilancia de la salud específica debe dedicar al menos un tercio del tiempo de trabajo a la vigilancia de la salud colectiva. Esta intensa dedicación de los equipos médicos tiene como finalidad recabar datos a partir del seguimiento individual con los que poder realizar una investigación clínico-epidemiológica laboral que incluye estudios epidemiológicos prospectivos de colectivos potencialmente expuestos (las denominadas cohortes).

En las industrias y laboratorios donde se sintetizan los nanomateriales o se realizan trabajos potencialmente expuestos directa o indirectamente a nanomateriales/nanopartículas se deberá extremar la vigilancia sanitaria en los trabajadores expuestos que puedan considerarse especialmente susceptibles a determinados riesgos, como trabajadoras gestantes o en periodo de lactancia natural, personal con patologías crónicas debilitantes (inmunosupresión congénita o adquirida, cáncer, patologías autoinmunes, neumopatías, etc.), y personas con discapacidad física, psíquica o sensorial, entre otros. En aquellos casos que se considere oportuno se planteará una adaptación del puesto de trabajo con la evidente finalidad de evitar la exposición al riesgo. También existe normativa aplicable para proteger la salud de las trabajadoras gestantes y del embrión o feto, que obligaría a la adaptación del puesto de trabajo o a efectuar un cambio temporal a otro puesto sin riesgo durante la gestación —por el principio de cautela— y en caso de que esto no fuera posible, se podría proponer suspensión temporal por riesgo para la gestación (contingencia protegida por la Seguridad Social).

En España, el INSHT ha publicado un interesante documento (INSHT, 2015a), de difusión gratuita, que proporciona información sobre el marco normativo y recomendaciones que pueden orientar a empresarios, trabajadores y responsables de prevención en el cumplimiento de sus obligaciones para garantizar una protección adecuada de la seguridad y la salud de los trabajadores expuestos a nanomateriales en los lugares de trabajo. Por lo que hemos descrito, la legislación española es extremadamente clara y antepone la salud de los trabajadores a otras cuestiones. Sin embargo, esta legislación no es igual en todos los países y es bien conocido el abuso sobre los trabajadores (trabajen o no en el ámbito de la nanotecnología) que se da en algunos países, obligándolos a trabajar en condiciones de gran precariedad, con grave riesgo para sus vidas.

Iniciativas para la puesta en marcha de la nanoprotección en España

La experiencia del CSIC en actividad preventiva y de vigilancia de la salud (VS) dirigida a la prevención y promoción de la seguridad y salud de los trabajadores expuestos a nanomateriales o nanopartículas se inició en Madrid en 2011. Desde entonces se han ido planteando propuestas de protocolos médicos de VS específica para trabajadores expuestos a nanomateriales, propuestas que han tenido su difusión en jornadas y congresos nacionales e internacionales, conforme al progreso de los conocimientos médicos y científicos.

El primer paso en este recorrido fue la identificación del personal expuesto mediante una evaluación inicial de los riesgos de cada puesto de trabajo. Dichas evaluaciones se llevaron a cabo en diferentes institutos del CSIC en los que hay gran actividad relacionada con la nanotecnología. En algunos casos se contó con la colaboración del Centro Nacional de Nuevas Tecnologías (CNNT) de Madrid, perteneciente al INSHT, para realizar mediciones de nanopartículas en los laboratorios de investigación científica. Dichas medidas no son fáciles de hacer, ya que requieren un instrumental específico y deben ser realizadas "in situ" en situaciones de trabajo real. Además de estas medidas se tuvieron que realizar otras usando otro tipo de procedimientos complementarios, dado que las primeras técnicas de muestreos ambientales no diferenciaban las nanopartículas de diseño de las procedentes de la contaminación ambiental. Todas estas medidas fueron el punto de partida para poder llevar a cabo una serie de evaluaciones específicas periódicas al personal considerado como expuesto. Para el diseño de protocolos médicos de vigilancia sanitaria específica se utilizaron como base los informes de la evaluaciones específicas de riesgos obtenidos y las propuestas de las diferentes guías médicas y recomendaciones del Instituto Nacional de Seguridad y Salud Ocupacional de Estados Unidos (NIOSH, 2013). Entre los criterios utilizados están, por un lado, la detección precoz del personal especialmente susceptible a determinados riesgos y, por otro, el análisis exhaustivo del funcionamiento de órganos y sistemas que puedan ser diana de los nanomateriales y nanopartículas específicas a los que potencialmente estén expuestos. Por lo tanto, es importante conocer el grupo de trabajadores expuesto, saber a qué tipo de nanomaterial se exponen, y realizar una serie de análisis específicos de forma periódica. Muchas de las actuaciones desarrolladas coinciden con las propuestas recientemente presentadas por el Instituto Francés de Salud Pública en un informe (IFSP, 2015) publicado como parte de su Programa EPINANO para desarrollar los estudios epidemiológicos de los trabajadores expuestos a nanomateriales, específicamente en exposiciones intencionadas. Con ayuda de las experiencias de Estados Unidos y Francia, en el CSIC se ha iniciado una investigación clínico epidemiológica de cohortes de trabajadores potencialmente expuestos a nanomateriales, específicamente nanofibras y nanopartículas insolubles y se sigue trabajando para tener resultados a medio plazo de todas estas investigaciones, que serán compartidas por otras entidades públicas y privadas, ya que esta es una de las misiones de este organismo.

Además de los aspectos relacionados con la vigilancia de la salud, en el CSIC se están desarrollando procedimientos preventivos (procedimientos de trabajo seguros, PTS) para garantizar la seguridad y la salud de los trabajadores con nanomateriales, que se completan con una nueva propuesta de protocolo médico de vigilancia sanitaria específica y el planteamiento de estudios epidemiológicos prospectivos en dichos colectivos laborales. En la actualidad se aplican protocolos médicos de vigilancia de la salud específica a partir de los conocimientos disponibles, aunque siempre están sometidos a actualizaciones a medida que avanza el conocimiento de la nanotoxicología. Este avance es colaborativo mediante la interacción con las instituciones que forman parte de las redes nacionales e internacionales de Seguridad y Salud Laboral. Esta coordinación de la especialidad preventiva de Medicina del Trabajo con el Sistema Nacional de Salud Pública sigue una reglas muy concretas según la normativa vigente que obliga a la coordinación, implementando sistemas informáticos para la efectiva prevención en el abordaje de la enfermedad profesional (EP) y enfermedades relacionadas con los puestos (para los lectores interesados, dicha normativa se encuentra en el Real Decreto 843 de 2011 y la Ley 33, de 2011).

En este terreno queda mucho por hacer pues existen dificultades para la coordinación médica y preventiva en el conocimiento de los datos epidemiológicos y de sospechas de enfermedades profesionales y/o relacionadas con el trabajo. Parece que será imprescindible realizar un esfuerzo de coordinación entre diferentes agentes y entidades implicados: Servicios de Prevención, Servicios médicos de Medicina de Trabajo, Medicina de Familia y resto de Especialidades de Sanidad Pública y Mutuas de Accidentes de Trabajo y Enfermedades Profesionales de la Seguridad Social. Solo si todas estas entidades implicadas mantienen un esfuerzo de coordinación y trabajo conjunto para lograr el objetivo común de la salud del trabajador y de la población general, se podrán superar las actuales situaciones de infradetección, infradiagnóstico e infradeclaración de patologías laborales en comparación con otros países de la Unión Europea. Otras entidades se han ido sumando en todos estos años a la investigación y estudio coordinado técnico-medico en la prevención de riesgos laborales y seguridad y salud en trabajos con nanomateriales (por citar algunos ejemplos, además del INSHT, están la Generalitat de Cataluña, la Universidad de Granada, la Universidad Politécnica de Catalunya (CERpie), etc.

Esperemos haber convencido al lector sobre la importancia que tienen tanto la vigilancia de la salud como la prevención de riesgos en el ámbito de los nanomateriales, asuntos en los que se están dando, de manera firme, los primeros pasos. Por el momento se usan las medidas preventivas o de vigilancia de la salud que hemos descrito en este capítulo, y al parecer parece que dichas medidas tienen eficacia aunque no se puede asegurar que la situación está totalmente controlada. Queda mucho por hacer, pero apoyándose en regulaciones existentes, en el creciente conocimiento científico y en experiencias sobre buenas prácticas que se intercambian entre diferentes entidades, conseguiremos en el futuro establecer estrategias preventivas y de vigilancia sanitaria específica que puedan aplicarse en el ámbito laboral e incluso ser extrapoladas a la población general.

CAPÍTULO 7

Abriendo el camino hacia el futuro

¿Qué saben los ciudadanos realmente sobre la nanotecnología, sus beneficios y riesgos?

La nanociencia y la nanotecnología están pasando por su adolescencia y, tras haber emergido con fuerza, deben encajar poco a poco en el mundo real regido por los intereses de gobiernos, instituciones dedicadas a la investigación, empresas y ciudadanos. Estos últimos, como contribuyentes, consumidores y votantes tendrían que ser la pieza clave de todo el sistema. La nanotecnología se va incorporando en miles de productos que tienen impacto creciente en todos los sectores económicos. Por otro lado, a medida que se hace mayor, la nanotecnología ha perdido parte de su inocencia y nos muestra también la existencia de ciertos peligros que debemos controlar para minimizar sus riesgos.

Las empresas, los gobiernos y las universidades y centros de investigación tienen el control sobre la generación, transferencia, aplicación y negocio del "nanoconocimiento", pero ¿qué sabe realmente la sociedad sobre todo esto? Estudios realizados en Estados Unidos y la Unión Europea acreditan que una gran parte de los ciudadanos desconoce lo que la nanotecnología representa, en qué productos se encuentra y qué riesgos entraña para su salud o el medioambiente. Es cierto que como contrapeso a los posibles intereses desmedidos de empresas y gobiernos, siempre hay grupos organizados que alzan su voz y alertan sobre las amenazas, pero al parecer su mensaje no ha calado en la sociedad. En un reciente trabajo (Gómez Ferri, 2012) se menciona que tres de cada cuatro ciudadanos europeos no saben realmente qué es la nanotecnología, mientras que en España la cifra de ciudadanos que tienen una noción clara de lo que esta representa solo es de un 5%. Estas cifras han mejorado algo en los últimos años según muestran los resultados del proyecto europeo Nanopinion, pero siguen indicando el desconocimiento generalizado sobre el tema. En el caso de España, tampoco hay que extrañarse de esta situación dado que es una temática que prácticamente no se menciona en los niveles educativos obligatorios y una gran parte del profesorado de primaria y secundaria no está familiarizado con ella. Por otro lado, los numerosos esfuerzos de divulgación en nanotecnología (conferencias, foros, exposiciones, etc.) que se hacen desde universidades y centros de investigación tardan tiempo en calar en la sociedad porque son excesivamente locales y en ocasiones no están bien coordinados entre sí.

El desconocimiento de lo que es la nanotecnología no impide tener opinión sobre esta disciplina. Las encuestas realizadas en el año 2010 por la Unión Europea (Comisión Europea, 2010) revelan que en torno al 40% de la población europea piensa que la nanotecnología va a servir para mejorar la calidad de vida y resolver muchos problemas. Aproximadamente, otro 40% dice desconocer qué efecto tendrá, mientras que un 10% piensa que no tendrá efecto alguno. Solo el 10% argumenta que tendrá efectos negativos. En Estados Unidos la visión sobre la nanotecnología es ligeramente más optimista (Burri y Belluci, 2008). Uniendo los resultados de todos estos estudios parece que la población apoya o es neutra ante la nanotecnología sin saber realmente en qué consiste, reflejando un cierto comportamiento tecnooptimista, que considera que la ciencia y la tecnología van a saber enfrentarse a todo tipo de problemas. Por otro lado, dentro del 10% de opiniones en contra de la nanotecnología seguro que encontramos muchos tecnoescépticos, contrarios a todo tipo de progreso tecnológico.

La ignorancia generalizada sobre la nanotecnología tiene un gran riesgo: puede servir para manipular la voluntad de gran cantidad de personas tanto en una dirección como en otra. Habrá quien abrace la fe de la nanotecnología por los innumerables beneficios que ha visto en un anuncio de la raqueta de tenis de un tenista profesional o habrá quien reniegue de ella por algún informe aparecido en un estudio sobre la toxicidad de las nanopartículas que se usan en una bolsa de ensalada.

Vivimos en plena era de la información y ahora podemos encontrar decenas de miles de documentos accesibles, pero eso genera desorientación por la dificultad de conocer la veracidad o falsedad de su contenido (para muchos intelectuales en realidad vivimos en plena era de la "infoxicación"). La situación es realmente peligrosa para los gobiernos y las empresas que han invertido ingentes cantidades de dinero en la nanotecnología. Una campaña en contra, con o sin fundamentos científico-técnicos, puede llevar al traste con las inversiones realizadas y hacer que la etiqueta "nano" pase de ser una marca de valor a tener connotaciones negativas, saltando de la "nanoeuforia" a la "nanofrustración". Algo similar, con otros matices, ha ocurrido con el tema de los organismos genéticamente modificados (más conocidos como "transgénicos"), que tienen defensores y detractores en los ámbitos científico, empresarial y político, pero que son percibidos negativamente por una gran parte de los consumidores.

Hacia el adecuado gobierno de las nanotecnologías

Por el momento, las inversiones públicas y privadas de la nanotecnología crecen a buen ritmo a pesar de la incertidumbre económica mundial que estamos viviendo. Tienen a la vista un suculento mercado. El creciente número de artículos científicos, invenciones y productos son la manifestación de esas inversiones. Por otro lado, existe una conciencia creciente en la sociedad sobre los peligros de algunos de los nanomateriales usados en diferentes aplicaciones. Los investigadores saben que queda mucho trabajo por hacer para caracterizar completamente los riegos de todos los nanomateriales que existen en el mercado. Nanomateriales, por cierto, cuyo número no hace más que crecer. Es decir, en los últimos años la nanotecnología nos sitúa ante un dilema: ¿cómo seguir adelante?, ¿qué decisiones tomar teniendo en cuenta los pros y los contras, los beneficios y los riesgos, y los intereses de diferentes interlocutores? Esta toma de decisiones debe hacerse en un contexto social donde hay bastante desinformación.

Al menos sabemos que no es posible seguir adelante con despreocupación, sin anticiparnos a los problemas que ya se divisan. Por otro lado, tampoco tiene sentido frenar en seco, cerrar la casa de la nanotecnología y arrojar las llaves al océano del olvido como si nada hubiese ocurrido, como proponen algunos grupos. Hay que decir que la preocupación sobre estos temas comenzó desde el mismo momento en que se pusieron en marcha las grandes inversiones para promocionar la nanotecnología (Roco y Bainbridge, 2001; Royal Society, 2004). A medida que se vislumbraba el salto de la nanotecnología desde los laboratorios a la vida cotidiana fue evidente la necesidad de impulsar estudios sobre todos los aspectos sociales, éticos, legales y culturales que venían de la mano de la irrupción de la nanotecnología. Todos estos estudios e informes han ido dando forma a lo que se conoce como "nanoética" (UNESCO, 2006; Lacey, 2009; Buxó y Casado, 2010; Cózar Escalante, 2011). La nanoética plantea nuevos interrogantes que se unen a los de la bioética en un entorno de convergencia tecnológica entre ambas disciplinas.

La nanoética apuesta por diseñar una "gobernanza" de las nanotecnologías que sea capaz de manejar este complejo escenario en el que intervienen interlocutores con variados intereses (Echevarría, 2005; Roco, 2008). Por gobernanza, término que se ha puesto de moda en los últimos años, se entiende un modo de gobernar que tiene como objetivo la consecución del desarrollo económico, social e institucional, fomentando la participación equilibrada de todos los actores implicados. En principio la gobernanza de la nanotecnología tendría que alcanzar un equilibrio entre los poderes públicos, la sociedad civil y el mercado en todo lo referente a la investigación, desarrollo, comercialización y regulación de la nanotecnologías. Estamos ante un tema muy complejo en su origen —por su carácter multidisciplinar— que afecta a todos los sectores productivos, pero de distinta manera a cada uno de ellos. La buena gobernanza de la nanotecnología requiere el concurso de muchos actores con sus puntos de vista e intereses: investigadores e ingenieros, emprendedores y directivos de empresas, dirigentes políticos, investigadores en ciencias humanas y sociales, líderes de asociaciones y movimientos sociales, profesores, periodistas, divulgadores, consumidores y usuarios, etc. En resumen, se trata de una tarea difícil en la que unos países avanzarán más rápido que otros en función de su capacidad para llegar a acuerdos.

Hace diez años se pensaba que, antes de alcanzar el paradigma de la gobernanza de la nanotecnología era imperativo comenzar a dar una serie de pasos previos, poniendo en marcha, a nivel nacional o internacional, actuaciones dirigidas a: 1) aumentar la investigación sobre el impacto de la nanotecnología; 2) lograr que las entidades implicadas en el desarrollo y comercialización de las nanotecnologías tomasen medidas voluntarias que minimizasen ese impacto, y 3) comenzar el diseño de políticas regulatorias por parte de gobiernos e instituciones internacionales. Poco a poco, estas actuaciones se van poniendo en marcha, no sin dificultades. En estos momentos la investigación sobre el impacto de la nanotecnología es una parte obligada de los grandes programas de investigación en la gran mayoría de los países (estimándose que en estos momentos aproximadamente un 5% de los recursos dedicados a investigación en esta disciplina ya se destinan a determinar sus potenciales efectos dañinos). Por otro lado, muchas de las entidades dedicadas a la investigación o la producción de nanomateriales han adoptado normas de seguridad aunque es difícil determinar su grado de cumplimiento. Finalmente, en la última década hemos asistido al desarrollo de la regulación de diferentes aspectos de la nanotecnología.

En 2008, la Comisión Europea publicaba una recomendación —de no obligado cumplimiento— sobre el establecimiento de un código de conducta responsable que incluía la adopción del principio de precaución en todas las investigaciones referidas a la nanociencia y la nanotecnología (Comisión Europea, 2008). Un año más tarde, la Comisión estableció que dada la aplicación casi ilimitada de las nanotecnologías en multitud de sectores sería prácticamente imposible el establecimiento de un marco regulador único a escala comunitaria sobre la protección de los trabajadores, la comercialización de nanomateriales, su utilización y su posterior eliminación o reciclado. Por lo tanto, las regulaciones se están haciendo de manera sectorial.

En cuanto a las regulaciones del uso de nanomateriales en el entorno laboral, hace una década que la Organización para la Cooperación y el Desarrollo Económicos (OCDE) y la Organización Internacional de Normalización (ISO) pusieron en marcha grupos de trabajo que han elaborado definiciones y normas que afectan a los procesos de producción y recomendaciones sobre medidas de prevención en entornos laborales. En el caso de la Unión Europea existe un marco normativo, de obligado cumplimiento por los países miembros, que obliga a la prevención de riesgos laborales, aunque en dicho marco no se contempla una normativa específica relativa a los nanomateriales. Por otro lado, la normativa de la Agencia Europea de Sustancias y Mezclas Químicas (ECHA) sobre el Registro, Evaluación, Autorización y Restricción de Sustancias y Preparados Químicos (más conocida como REACH) mantiene una gran ambigüedad y resulta poco específica en cuanto a la gestión de la prevención laboral en nanomateriales. De hecho la normativa REACH del año 2006 no mencionaba aún los nanomateriales. Es decir nos encontramos en una fase de continuo aprendizaje. En la actualidad tanto la ECHA, como la Agencia Europea de Seguridad y Salud en el Trabajo (OSHA), el Instituto Nacional para la Seguridad y Salud Ocupacional (NIOSH) de Estados Unidos o, en España, el INSHT, publican recomendaciones y notas técnicas sobre los riesgos que representan los nanomateriales. Otras iniciativas se han puesto en marcha por presión de grupos sociales como es el caso de los registros de nanomateriales, como ha ocurrido en Francia, Bélgica y Dinamarca. Por su parte, los sindicatos de trabajadores de todo el mundo han hecho numerosos llamamientos para la regulación de las nanotecnologías.

En cuanto al ámbito de la nanomedicina, se requiere poner orden en todas las investigaciones que se realizan y la forma en la que los productos llegan a nuestros hospitales y farmacias. Diversas agencias internacionales, como la EMA o la Agencia Española de Medicamentos y Productos Sanitarios (AEMPS), regulan y legislan las fases de investigación, desarrollo y aplicación de los nuevos nanofármacos en humanos y en otras especies. La EMA ya ha aprobado múltiples medicamentos basados en la nanotecnología, como los que contienen liposomas o aquellos con partículas de tamaño nanométrico en la sustancia activa. Las innovadoras técnicas de nanotecnología plantean nuevos retos para estas agencias pues no está claro si el marco regulador actual es apropiado para estos nanomedicamentos. Aspectos como la cinética, dinámica, y la vigilancia de los nanomedicamentos de próxima generación son clave en la implantación de estos nanofármacos. La investigación en todos estos temas se impulsa desde Estados Unidos, Japón y la Unión Europea. En España la actividad en investigación en nanomedicina es considerable y una gran parte de los grupos que trabajan en este tema forman la Plataforma Española de Nanomedicina (NanoMedSpain).

En los sectores de la cosmética y la alimentación se realizan esfuerzos normativos similares a los efectuados en medicina. En 2009, la Unión Europea publicó un nuevo marco jurídico sobre cosméticos que incluye varias disposiciones sobre nanomateriales que se aplican desde el año 2013, indicando que los nanomateriales de uso en cosmética deben evaluarse de acuerdo con un protocolo de evaluación del riesgo seis meses antes de su puesta en el mercado. Además, para diferenciar entre una formulación que contenga nanopartículas el término "nano" debe aparecer visiblemente en los ingredientes después del compuesto y entre paréntesis, por ejemplo "óxido de zinc (nano)".

En cuanto a la alimentación, en la Unión Europea hay diversas iniciativas legislativas en marcha. En una normativa del año 2008 ya se regulaba el uso de nuevos aditivos basados en nanomateriales. En el reglamento del año 2011 sobre la información facilitada al consumidor se establece que todos los ingredientes presentes en forma de nanomaterial artificial deben indicarse claramente en la lista de ingredientes de una forma similar a como se debe hacer en un producto cosmético. Sin embargo, las cosas no están tan claras dentro de la propia Unión Europea al no terminarse por definir qué se entiende por nanomaterial en el ámbito alimentario, y aún hay controversia sobre si ciertos aditivos alimentarios se pueden considerar o no nanomateriales. En cualquier caso, entidades como la Autoridad Europea de Alimentación y Seguridad (EFSA), en la Unión Europea, o la Agencia Española de Consumo, Seguridad Alimentaria y Nutrición (AECOSAN), en España, son las encargadas de vigilar la forma en que estos nanoproductos llegan al mercado. En el caso español, la AECOSAN ha constituido un comité de expertos y una red de investigación que permite asesorar al gobierno sobre este asunto.

No todos los países han desarrollado regulaciones sobre la nanotecnología y las existentes difieren de un país a otro, por lo que el proceso de definición e implantación de normativas y regulaciones no es fácil, generando incertidumbre en el contexto de una economía global. Además, se debe tener en cuenta que el desarrollo tecnocientífico se realiza en coevolución con la sociedad, influenciándose mutuamente. Por ejemplo, en estos últimos años, la creciente preocupación por el deterioro del planeta está forzando una orientación de las políticas públicas hacia el desarrollo sostenible, aunque no con la celeridad que seguramente la situación requiere. Las empresas también se han sumado a este movimiento y en un buen número de ellas se desarrollan programas de responsabilidad social corporativa (RSC). La nanotecnología no ha escapado de este influjo y son muchos los que consideran que debe orientarse hacia la investigación e innovación responsables (Parr, 2005), convirtiéndose en un pilar de las estrategias que permitan alcanzar los Objetivos para el Desarrollo Sostenible. Como ejemplo, se puede citar la estrategia de Estados Unidos sobre los objetivos de las nanotecnologías que deben alcanzarse en 2020 (Roco *et al.*, 2010), donde la conexión entre nanotecnología y sostenibilidad es más que evidente. No sabemos a ciencia cierta cuánto hay de pose y cuánto de creencia profunda en estas políticas, pero el hecho es que la RSC parece haberse introducido en las pautas de comportamiento de empresas e instituciones.

La implicación de la sociedad: formación, divulgación, y participación

Además de los aspectos relacionados con la seguridad y normativa, una buena gobernanza de la nanotecnología debe considerar otros, como la formación y la divulgación, con el fin de fomentar el debate y la participación social. Cada ciudadano tiene un perfil formado por la combinación de diferentes roles (consumidor, trabajador, directivo, emprendedor, científico, comunicador, contribuyente, votante, dirigente político, miembro de asociación, padre o madre, responsable de tareas domésticas, etc.) y en función de esos roles puede participar —más bien tiene la obligación— en el debate sobre todos los temas que le afectan, incluyendo las cuestiones relacionadas con la ciencia y la tecnología, por su impacto directo en cada una de las facetas de nuestra vida. La nanotecnología, a pesar de su relativa juventud y de ser una gran desconocida, tampoco debe escapar de este debate dado su imparable auge.

Hablar de nanociencia y de nanotecnología requiere conocimiento, por lo que es imprescindible mejorar las nociones generales de la sociedad sobre estas disciplinas. No se trata de establecer iniciativas en las que los científicos se dirijan desde sus púlpitos a sus conciudadanos mostrando la belleza de la ciencia que hacen y sus aplicaciones (el llamado modelo del déficit en divulgación de la ciencia), sino que hay que poner en marcha mecanismos de participación y debate, de mayor duración temporal y mayor implicación de las partes, en las que reflexiones de ida y de vuelta den forma a nuevos planteamientos. El objetivo que hay que alcanzar a medio plazo es claro: que el ciudadano participe más en la toma de decisiones sobre los asuntos que le afecten y que financia a través de sus impuestos y compras. La apropiación social de la ciencia y la participación ciudadana en el diseño de programas y planes que tengan en cuenta sus necesidades son objetivos de las sociedades avanzadas.

¿Cómo incrementar paulatinamente el nivel medio de conocimiento y de información de nuestra sociedad en nanociencia y nanotecnología? Hay dos caminos que van en paralelo: la formación (formal o informal) y la divulgación. En cuanto a la primera, los estudios en estas disciplinas en nuestro país son razonablemente buenos en los niveles universitarios (grado, máster y doctorado). Hay ya un buen número de másteres y doctorados relacionados con estas temáticas; incluso la Universidad Autónoma de Barcelona ofrece un Grado de Nanociencia y Nanotecnología del que ya ha salido la primera hornada de graduados. Los estudiantes con estas titulaciones en nuestro país tienen una formación similar a la que adquieren en otros países.

La situación cambia cuando nos referimos a los niveles educativos preuniversitarios. Actualmente en España, en los niveles de educación infantil, primaria, secundaria obligatoria, formación profesional y bachillerato prácticamente no se insertan contenidos de nanociencia y nanotecnología, cuando hay otros países en los que los alumnos comienzan a familiarizarse con los mismos desde edades tempranas a través de capítulos o secciones específicas en libros de texto, experiencias de laboratorio, etc. En estos países también se mima la formación del profesorado en estas disciplinas. Bastaría con mirar a otros países como Estados Unidos, Taiwán, Irán o Colombia (por indicar lugares muy diferentes) para poder adaptar algunas de sus iniciativas y ponerlas en marcha en nuestro país, donde hasta la fecha solo algunas comunidades autónomas (Cataluña, País Vasco, Aragón y Madrid) han puesto en marcha modestos programas de continuidad incierta. Merece la pena destacar que ya existen unidades y guías didácticas adecuadas para dicha formación (Martín Gago, 2008; Serena *et al.*, 2014), por lo que una parte del camino ya se ha recorrido.

Llegados a este punto tenemos que mencionar que el problema de incorporar conceptos de ciencia y tecnología modernas en las escuelas e institutos no es un problema tan solo de la nanotecnología y se aplica también al resto de las disciplinas. Sería imprescindible que el profesorado accediese a programas de actualización de conocimientos en temas emergentes, como el de la nanotecnología. Parece evidente que los propios programas de las asignaturas deberían modificarse para dejar espacios por los que entrase la brisa de la ciencia y de la tecnología modernas. Seguramente, estas mejoras ayudarían a incentivar más vocaciones en ciencia, tecnología, ingeniería y matemáticas (vocaciones STEM, del inglés *science, technology, engineering, mathematics*), un asunto prioritario en todo el mundo. Si se desea tener una economía basada en el conocimiento, el nanotecnológico incluido, debemos tener el suficiente número de técnicos, científicos e ingenieros altamente cualificados en estos temas emergentes.

En cuanto a la forma en la que los contenidos propios de la nanociencia y la nanotecnología —incluyendo no solo los aspectos más técnicos, sino también todos los aspectos sociales y humanísticos— se deben comunicar a la sociedad, la Unión Europea (Bonazzi *et al.*, 2010) ha establecido las estrategias para enfrentarse a este problema. Hay un arsenal de innumerables métodos que se conocen en el ámbito de la cultura científica (conferencias, concursos, exposiciones, programas de televisión, certámenes, etc.) con los que diversas instituciones llevan la nanotecnología a los ciudadanos, pero parece que el ritmo al que crecen los conocimientos de nanotecnología en la sociedad no es lo suficientemente rápido en comparación con lo que ocurre en otros lares. Al igual que ocurre en la formación, las iniciativas que se proponen y se ponen en marcha surgen de manera un tanto espontánea, y la coordinación de esfuerzos entre instituciones o comunidades autónomas no es todo lo buena que debería ser.

El incremento de información en la sociedad sobre las nanociencias y las nanotecnologías debe favorecer el debate sobre las mismas. Este sirve para potenciar la participación de la sociedad en el planteamiento de problemáticas y en la toma de decisiones, potenciando los usos más constructivos de las nanotecnologías y nanociencias que se pueden orientar hacia la mejora y la extensión de la sociedad del bienestar. Entre 2005 y 2007, la Unión Europea financió el proyecto NanoDialogue, en el que participó la Fundación Parque Científico de Barcelona, que tenía como objetivo proporcionar información y concienciar al público general sobre los últimos desarrollos de la nanociencia y la nanotenología. En 2006, el gobierno de Alemania puso en marcha la iniciativa NanoDialogue (se ve que no hay mucha originalidad a la hora de nombrar estos programas) dentro de su Plan de Acción de la Nanotecnología. Dicha iniciativa sigue en vigor diez años después. En 2008, la empresa alemana BASF creó el BASF Dialog Forum Nano, que sigue siendo un punto de encuentro entre organizaciones de consumidores y de defensa del medioambiente, empresas, sindicatos, instituciones científicas y distintos credos religiosos para discutir sobre el desarrollo de la nanotecnología, elaborando recomendaciones para que la información relativa a los nanomateriales a lo largo de todo su ciclo de vida quede garantizada y sea transparente para todos los implicados.

Los ejemplos que hemos mostrado, muy centrados en Alemania, sirven para poner sobre la mesa lo que ocurre en otros lugares del mundo, más organizados, y en los que la ciencia y la tecnología son verdaderas herramientas para el progreso de las naciones. Países como Estados Unidos, Canadá, Francia o Reino Unido han lanzado iniciativas similares. Desafortunadamente, en España no se han desarrollado programas de igual calado y duración que permitan debatir de forma abierta y transparente sobre estos temas.

Una conclusión (siempre provisional)

Llegamos al final de este libro que ha pretendido ser muy ambicioso al reflejar, en un centenar y pico de páginas, los claroscuros de la nanociencia y la nanotecnología. Hemos hablado de los beneficios palpables que la nanotecnología nos va dejando de una manera casi invisible, sin que una parte mayoritaria de la sociedad sea consciente. Por otro lado, se ha mostrado el reverso de la moneda, manifestado como una serie de peligros socioeconómicos (algunos de carácter más especulativo y otros más reales), a los que hemos dedicado buena parte del libro. Sin embargo, nuestro afán no es crear el caos, difundiendo temores, más bien todo lo contrario.

Es cierto que comienzan a acumularse evidencias científicas sobre los daños de algunos nanomateriales y la inocuidad de otros para los seres vivos y el medioambiente, sobre las dosis que determinan los niveles de riesgo, las vías de penetración, etc. Esta información objetiva y rigurosa es la que debe servirnos para prevenir riesgos al igual que ha ocurrido en el pasado con otras tecnologías. Los aviones, los coches, cientos de productos químicos, el gas natural, la electricidad, son ejemplos de elementos útiles pero peligrosos con los que convivimos cotidianamente, cuyos riesgos han disminuido tras conocer las causas de su peligrosidad. Con la nanotecnología está ocurriendo algo similar, a la vez que se va desarrollando, con gran rapidez, se están determinando sus peligros con el fin de minimizar sus riesgos.

Al final, el resultado de esta aventura dependerá del balance entre el progreso (entendiéndolo no como el enriquecimiento de unos pocos, sino como la acumulación de avances que suponen una mejora social) y los daños a las personas y el medioambiente. Evidentemente, como ha quedado claro con la lectura de este libro, tampoco podemos olvidarnos de los costes: una nanotecnología cara quedará limitada a sectores muy concretos. En estos momentos parece que los beneficios superan a los riesgos, pero al final podremos llegar a diferentes escenarios según se vayan desarrollando los acontecimientos.

Para seguir adelante deberemos tener en cuenta una forma de gobernanza integral, que tenga en cuenta todas las voces pues los futuros escenarios de desarrollo de la nanotecnología se construirán con la voz de la opinión pública, que puede adoptar diferentes posturas (favorable, reacia, de despreocupación), condicionando la de las administraciones públicas (permisiva, restrictiva, reglamentista). No vamos a proporcionar en este libro la receta detallada de la gobernanza adecuada, sensata y equilibrada de la nanotecnología, pero siguiendo las ideas de diversos autores vamos a enumerar algunos ingredientes que deberían tenerse en cuenta:

- Crear entidades que realicen el seguimiento del desarrollo de la nanotecnología, estableciendo una nomenclatura internacionalmente aceptada para los nanomateriales.
- Impulsar más programas de investigación para aumentar nuestros conocimientos sobre los efectos de los nanomateriales en los seres vivos en general y los humanos en particular, así como las vías de penetración

y de exposición, la persistencia de los nanomateriales en el medioambiente, etc.

- Permitir el acceso libre y gratuito a los bancos de datos con la información estructurada, publicada en artículos o informes científicos, sobre nanomateriales, siguiendo las políticas de transparencia que la sociedad reclama.
- Establecer regulación y normativa que proporcionen seguridad a los ciudadanos (en sus facetas de consumidores y trabajadores) abordando temas como el etiquetado, el reciclado, la responsabilidad en caso de daños, etc., en un contexto internacional.
- Evitar, en la medida de lo posible, la exposición de consumidores y trabajadores a los nanomateriales sobre los que exista sospecha de riego potencial —aunque no esté aún confirmada—, por lo que se debe minimizar la movilidad de estos en los productos.
- Desarrollar e implantar procedimientos de prevención y evaluación de riesgos que minimicen los potenciales riesgos para usuarios, consumidores y trabajadores.
- Preparar guías de trabajo y normas de estandarización, de carácter internacional, para la fabricación, manipulación, transporte y comercialización de productos con nanomateriales.
- Desarrollar instrumentación para la cuantificación de nanomateriales en tejidos, medioambiente, etc.
- Tener en cuenta otros aspectos de tipo ético-social como la división social y la desigualdad.
- Mejorar la formación y la divulgación sobre la nanotecnología y establecer un diálogo con el público y la industria para asegurarse de una toma de decisiones equilibrada.

Hemos visto que en los últimos diez años se han puesto en marcha políticas en la dirección que indican los puntos de esta larga lista, pero aún queda mucho trecho por recorrer. Habrá que esperar diez o quince años para comprobar lo que ha sucedido con el desarrollo de la nanotecnología tanto en España como a nivel mundial. Para entonces, es posible que nuevos y sofisticados nanomateriales hayan entrado en escena, con sus beneficios y riesgos, pero estamos seguros de que estos últimos tendrán que ser abordados con las mismas herramientas que disponemos ahora: el conocimiento científico y el sentido común.

Bibliografía

ACOSTA JIMÉNEZ, A. J. (2016): *La nanotecnología. Explorando un cosmos en miniatura*, RBA, Barcelona, España.

ANDERSON, A. *et al.* (2009): *Nanotechnology, Risk and Communication*, Palgrave Macmillan, Londres.

BLASCO, M. A. y SALOMONE, M. G. (2016): *Morir joven, a los 140*, Paidós Ibérica, Barcelona.

BONAZZI, M. *et al.* (2010): "Communicating Nanotechnology: Why, to whom, saying what and how?", European Commission, Bruselas, en ftp://ftp.cordis.europa.eu/pub/nanotechnology/docs/communicating-nanotechnology_en.pdf

BURRI, R. V. y BELLUCI, S. (2008): "Public perception of nanotechnology", *Journal of Nanoparticle Research*, 10, 387-391.

BUXÓ, M. J. y CASADO, M. (coords.) (2010): *Nanotecnología y Bioética Global*, Observatori de Bioètica i Dret, Barcelona.

CELÀ, P. (2014): "Embryonic toxicity of nanoparticles", *Cells Tissues Organs*, 199 (1), 1-23.

COMISIÓN EUROPEA (2008): *Comission Recommendation of 07/02/2008 on a code of conduct for responsible nanosciences and nanotechnologies research*, C(2008) 424, Bruselas, en http://ec.europa.eu/research/participants/data/ref/fp7/89918/nanocode-recommendation_en.pdf

— (2010): *Eurobarometer 73.1: Biotechnology. Special Eurobarometer 341*, Directorate General Press and Communication, Bruselas.

— (2012): *Types and uses of nanomateriales, including safety aspects*, SWD 2012/288 final, Bruselas.

CÓZAR ESCALANTE, J. M. de (2011): *Nanotecnología, salud y bioética (entre la esperanza y el riesgo)*, Sociedad Internacional de Bioética SIBI, Gijón.

CRICHTON, M. (2003): *Presa*, Plaza & Janés, Barcelona.

DANG, Y. *et al.* (2010): "Trends in worldwide nanotechnology patent applications: 1991 to 2008", *Journal of Nanoparticle Research*, 12, 687-706.

DELGADO, G. C. (2008): *Guerra por lo invisible: negocio, implicaciones y riesgos de la nanotecnología*, CEIICH, UNAM, Ciudad de México.

DREXLER, K. E. (1986): *Engines of creation. The coming era of nanotechnology*, Anchor Books, Nueva York.
ECHEVARRÍA, J. (2005): "Gobernanza de las nanotecnologías", *Arbor*, 715, 301-315.
EHMANN, F. *et al.* (2013): "Next-generation nanomedicines and nanosimilars: EU regulators' initiatives relating to the development and evaluation of nanomedicines", *Nanomedicine* 8 (5), 849-856.
ELOLA, J. (2016): "El futuro de la humanidad en sus manos", *El País*, 9 de mayo.
FEYNMAN, R. (1960): "There's a plenty of a room at the bottom", *Engineering and Science*, 23, 22-36 [una transcripción del discurso de R. Feynman también puede encontrarse en http://www.zyvex.com/nanotech/feynman.html].
GAUTAM, A. *et al.* (2011): "Dermal exposure of nanoparticles: an understanding", *Journal of Cell Tissue Research*, II(1), 2703-2708.
GÓMEZ FERRI, J. (2012): "La comprensión pública de la nanotecnología en España", *Revista CTS*, 20 (7), 177-207.
GÓMEZ-ROMERO, P. (2010): "De los nanómetros a los teravatios. Aplicaciones energéticas de la nanociencia", *Mètode*, 65, 75-79.
GUTIÉRREZ ANTEZANA, A. F. *et al.* (2016): "Health effects in workers exposed to titanium dioxide", *Medicina y Seguridad del Trabajo*, 62 (242), 79-95, en http://gesdoc.isciii.es/gesdoccontroller?action=download&id=24/05/2016-a93fbf9c8e
HUERTAS, G. *et al.* (2015): *Del electrón al chip*, CSIC-Los Libros de la Catarata, Madrid.
HUI-YI, L. *et al.* (2014): "Six months follow-up study of health markers of nanomaterials among workers handling engineered nanomaterials", *Nanotoxicology*, 8(S1), 100-110.
IFSP (2015): *Epidemiological surveillance of workers potentially exposed to nanomaterials. Onsite Technical Logbook. Tool for the identification of works stations potentially causing exposure to intentionally produced nanomaterials*, versión 2, junio, Programa EPINANO, Instituto Francés de Salud Pública.
INSHT (2013): *Evaluación del riesgo por exposición a nanopartículas mediante el uso de metodologías simplificadas. Método Stoffenmanager Nano 1.0*, INSHT, Madrid.
— (2015a): *Seguridad y Salud en el trabajo con nanomateriales*, INSHT, Madrid.
— (2015b): *Guía técnica para la prevención de riesgos laborales en el sistema general de gestión de la empresa*, INSHT.
— (2016): *Guía sobre Límites de Exposición Profesional para Agentes Químicos en España*, INSHT, Madrid.
— (2016): *Riesgos derivados de la exposición a nanomateriales en el Sector de la Automoción*, INSHT, Madrid.
JOY, B. (2000): "Why the future doesn't need us", *WIRED*, 4 de enero, en https://www.wired.com/2000/04/joy-2/
LACEY, H. (2009): "La ética y el desarrollo de la nanotecnología", *Revista Realidad*, 119, 77-90.
LAGAR, E. (2016): "Nueve palabras clave para el futuro", *La Provincia, Diario de Las Palmas*, 17 de julio.
LLOYD'S (2007): *Nanotechnology. Recent developments, risks and opportunities*, Lloyd's, Londres.
MAIRA, J. *et al.* (2015): "La transferencia de Nanotecnología en el CSIC", *Acta Científica y Tecnológica*, 25, 8-12, en http://www.aecientificos.es/empresas/aecientificos/revistas/Revista_aec25.pdf

MARTÍN-GAGO, J. A. *et al.* (2008): *Unidad Didáctica Nanociencia y Nanotecnología. Entre la ciencia ficción del presente y la tecnología del futuro*, Fundación Española de Ciencia y Tecnología (FECYT), Madrid.
— (2014): *El nanomundo en tus manos: Las claves de la Nanociencia y la Nanotecnología*, Crítica, Madrid.
MENÉNDEZ, R. y BLANCO, C. (2014): *El grafeno*, CSIC-Los Libros de la Catarata, Madrid.
MIRET ARTÉS, S. (2015): *Mecánica cuántica*, CSIC-Los Libros de la Catarata, Madrid.
NIOSH (2012): *Nanotehnology: Frequently Asked Questions*, NIOSH, en http://www.cdc.gov/niosh/topics/nanotech/faq.html
— (2013): *Interim Guidance for Medical Screening and Hazard Surveillance for Workers Potentially Exposed to Engineered Nanoparticles: Current Intelligence Bulletin 60*, NIOSH.
— (2015): *Prácticas de seguridad para el uso de la nanotecnología en el lugar de trabajo*, NIOSH, en http://www.cdc.gov/spanish/niosh/docs/2008-112_sp/
OMS (2012): *State of the science of endocrine disrupting chemicals*, Programa de las Naciones Unidas para el Medio Ambiente (PNUMA) y la Organización Mundial de la Salud (OMS).
OMS (2016): *Evaluación global del estado actual de la ciencia de los disruptores endocrinos*, Organización Mundial de la Salud (OMS).
PAGLIARO, M. (2010): *Nano-Age: How Nanotechnology Changes our Future*, Wiley VCH, Nueva York.
PARR, D. (2005) "Will nanotechnology make the world a better place?", *Trends in Biotechnology*, 23 (8), 395-398.
PHILLIPS, J. *et al.* (2010): "Pulmonary and systemic toxicity following exposure to nickel nanoparticles", *American Journal of Industrial Medicine*, 53 (8), 763-767.
ROCO, M. C. (2008): "Possibilities for global governance of converging technologies", *Journal of Nanoparticle Research*, 10, 11-29.
ROCO, M. C. *et al.* (eds.) (2010): *Nanotechnology Research Directions for Societal Needs in 2020: Retrospective and Outlook*, World Technology Evaluation Center, en http://www.nano.gov/node/948
ROCO, M. C. y BAINBRIDGE, W. S. (2001): *Societal Implications of Nanoscience and Nanotechnology*, National Science Foundation.
ROYAL SOCIETY (2004): *Nanoscience and nanotechnologies: opportunities and uncertainties*, The Royal Society and Royal Academy of Engineering, Londres, en https://royalsociety.org/topics-policy/publications/2004/nanoscience-nanotechnologies/
SALAMANCA-BUENTELLO, F. *et al.* (2005): "Nanotechnology and the Developing World", *PLoS Medicine*, 2, 300-303.
SANDBERG, A. (2016): "Los cinco jinetes del apocalipsis", *El País*, 14 de febrero.
SARGENT, T (2007): *La danza de las moléculas. Cómo la nanotecnología cambia nuestras vidas*, Espasa Calpe, Barcelona.
SCHEUFELE, D. A. *et al.* (2009): "Religious beliefs and public attitudes toward nanotechnology in Europe and the United States", *Nature Nanotechnology*, 4, 91-94.
SCHUMMER, J. (2011): "Cultural diversity in nanotechnology ethics", *Interdiciplinary Science Reviews*, 31 (3), 217-230.
SERENA, P. A. (2009a): "Aplicaciones de las nanotecnologías en los estudios sobre el agua: un tema de interés estratégico para Iberoamérica y España", *Mundo Nano*, 2 (1), 88-99.

— (2009b): "La implantación de la nanotecnología en España: muchas luces y alguna sombra", *Mundo Nano*, 2 (2), 74-90.
— (2010): *Nanotecnología*, CSIC-Los Libros de la Catarata, Madrid.
SERENA, P. A. *et al.* (eds.) (2014): *Guía Didáctica para la Educación de la Nanotecnología en Educación Secundaria*, CYTED y Red NANODYF, Madrid, en http://www.icmm.csic.es/es/divulgacion/documentos.php
SONG, Y. (2009): "Exposure to nanoparticles is related to pleural effusion, pulmonary fibrosis and granuloma", *European Respiratory Journal*, 34, 559-569.
SWISS RE (2004): *Nanotechnology. Small matter, many unknowns*, Swiss Reinsurance Company, Zurich.
TOYAMA, T. (2008): "A case of toxic epidermal necrolysis-like dermatitis evolving from contact dermatitis of the hands associated with exposure to dendrimers", *Contact Dermatitis*, 59 (2), 122-123.
TRAN, L. *et al.* (2009): "Las nanopartículas artificiales (NA) y la Salud. La nanotoxicología y la evaluación de riesgos de las nanopartículas artificiales (ERNA)", *Seguridad y Medio Ambiente*, Fundación MAPFRE, 114, 7-16.
UNESCO (2006): *The ethics and politics of nanotechnology*, París.
VANCE, M. E. *et al.* (2015): "Nanotechnology in the real world: Redeveloping the nanomateria consumer products inventory", *Beilstein Journal of Nanotechnology*, 6, 1769-1780.
VEIGA-ÁLVAREZ, A. *et al.* (2015): "Riesgos para la salud y recomendaciones en el manejo de nanopartículas en entornos laborales", *Medicina y Seguridad del Trabajo*, 61 (239), 143-161, en http://scielo.isciii.es/pdf/mesetra/v61n239/02_especial.pdf
WEISSIG, V.; PETTINGER, T. K. y MURDOCK, N. (2014): "Nanopharmaceuticals (part 1): products on the market", *International Journal of Nanomedicine*, 9 (1), 4357-4373.
WIJNHOVEN, S. *et al.* (2010): *Nanomaterials in consumer products: Update of products on the European market in 2010*, Ministerio de Salud, Bienestar y Deporte de Holanda, en http://www.rivm.nl/en/Search/Library
WU, M. *et al.* (2010): "Case report: Lung disease in World Trade Center responders exposed to dust and smoke: carbon nanotubes found in the lungs of World Trade Center patients and dust samples", *Environmental Health Perspectives*, 118 (4), 499-504.

Páginas web de interés

ESTADOS UNIDOS

Información sobre nanomedicina del Instituto Nacional de la Salud: http://nihroadmap.nih.gov/nanomedicine/

Iniciativa Nacional de Nanotecnología: http://www.nni.gov

Instituto Nacional para la Seguridad y Salud Ocupacional (NIOSH): https://www.cdc.gov/niosh/

ESPAÑA

Instituto Nacional de Seguridad e Higiene en el trabajo (INSHT): http://www.insht.es/portal/site/Insht/

Plataforma Española de Nanomedicia (NanoMedSpain): http://www.nanomedspain.net/

Red Española de Nanotecnología: http://www.nanospain.org

Foro de diálogo sobre nanotecnología de BASF: http://www.nanotechnology.basf.com/group/corporate/nanotechnology/en/microsites/nanotechnology/dialogue/society

Unión Europea

Proyecto NanoPilot sobre producción de nanofármacos: http://www.nanopilot.eu/homepage

Agencia Europea de Seguridad y Salud en el Trabajo (OSHA): https://osha.europa.eu/

Agencia Europea de Sustancias y Mezclas Químicas (ECHA): https://echa.europa.eu/

Agencia Europea del Medicamento (EMA): http://www.ema.europa.eu/ema/

Autoridad Europea de Alimentación y Seguridad (EFSA): http://www.efsa.europa.eu/

Nanotecnología en el Programa H2020: https://ec.europa.eu/programmes/horizon2020/en/h2020-section/nanotechnologies

Políticas sobre salud pública y nanotecnología: http://ec.europa.eu/health/nanotechnology/policy/index_en.htm

Portal de información REACH-CLP: www.portalreach.info/reach/

Proyecto NanoOpinion: http://nanopinion-edu.eu/_

Clúster NanoSafety: http://www.nanosafetycluster.eu/

Plataforma Europea de Nanomedicina: http://www.etp-nanomedicine.eu/public

European Foundation for Clinical Nanomedicine (CLINAM): https://www.clinam.org

Imágenes del nanomundo (Concurso internacional de imágenes SPMAGE): http://www.icmm.csic.es/spmage/

Nano DataBase (listados de productos sobre nanotecnología): http://nanodb.dk/

Organización Internacional de Normalización (ISO). Comité Técnico sobre nanotecnología: http://www.iso.org/iso/iso_technical_committee?commid=381983

Organización Mundial de la Propiedad Intelectual (OMPI): http://www.wipo.int/portal/en/index.html

Organización para la Cooperación y el Desarrollo Económicos (OCDE). Informes sobre nanotecnología: http://www.oecd.org/sti/nano/

Project on Emerging Technologies (listados de productos sobre nanotecnología): http://www.nanotechproject.org/inventories/

Serie de televisión "¿Qué sabemos de la Nanotecnología?: https://canal.uned.es/serial/index/id/875

Statnano (estadísticas y listados de productos sobre nanotecnología): http://statnano.com/

Método Stoffenmanager 1.0 de evaluación de riesgos: http://www.stoffenmanager.nl